JN005509

書き込み式

ヒューマンコンピュータ インタラクション入門

博士（工学） 西内信之【著】

コ ロ ナ 社

はじめに

製造技術や情報処理技術が飛躍的な進歩を遂げたことで、多くの工業製品が多機能化・高機能化しています。このような工業製品のおかげで、私たちの生活はとても便利で快適なものになってきました。その一方で、皆さんがこれらの製品を実際に使っているときに、その操作に不自然さを感じたり、使いにくいと思ったりしたことはありませんか。その原因の一つに、人間の特性と機械（コンピュータ）の特性を総合的にとらえるヒューマンコンピュータインタラクションの考え方が反映されていないことがよくあります。

ヒューマンコンピュータインタラクション（HCI：human computer interaction）は、「人間が使用するための対話型コンピュータシステムのデザイン、評価、実装に関連し、それら周辺の主要な現象に関する研究を含む学問分野」と HCI に関する国際的活動を行っている学会組織（ACM SIGCHI）において定義されています。ヒューマンコンピュータインタラクションとよく似た言葉で、ヒューマンインタフェース（HI：human interface）がありますが、インタフェース（interface）だけであれば「界面、接面」という意味ですから、HI は人間とシステムのやり取りをする境界となる部分（ハードウェア・ソフトウェア）の意味合いが強くなります。一方で、HCI のインタラクション（interaction）は「相互作用」という意味ですから、HCI は HI を介した人間とコンピュータのやり取りといった大きな系をとらえていることになります。HCI と HI の二つを学問分野として見てみると、多くの内容がオーバーラップしているというのも頷けます。

本書は、HCI の勉強を進めていくうえで重要となる観点から、第 1 部：人間に関すること、第 2 部：HCI の基礎知識、第 3 部：HCI の評価方法、という三つのカテゴリーに分かれています。

第 1 部の人間に関することでは、HCI を考えるうえで、まさに主人公となる「人間」を人間工学の観点からとらえます。生き物である人間、人間を測る方法、色と人間の関係、人的過誤（ヒューマンエラー）について説明します。

続いて、第 2 部の HCI の基礎知識についてです。HCI を様々な観点から掘り下げていきます。具体的には、ハードウェア、ソフトウェア、認知構造、設計原則について述べます。

最後の第 3 部の HCI の評価方法では、これまでに用いられてきたおもな評価方法を取り上げて紹介します。HCI の定量的評価であるフィッツの法則、眼球運動計測や、ヒューリスティック評価法、ユーザテストについて詳しく説明します。

本書の対象読者は、HCI や HI を勉強してみたいと考える初学者です。そのような皆さんに、少しでも興味を持続して、効率的に勉強を進めてもらうために、本書ではいくつかの工夫をし

生体システム
生体計測
1. 人間に関すること
色と人間
ヒューマンエラー
ハードウェア
HCIと認知構造
ユーザテスト
HCIの定量的評価
2. HCIの基礎知識
3. HCIの評価方法
ソフトウェア
HCIの設計原則
ヒューリスティック評価法
Web ヒューリスティクス

本書の構成（三つのカテゴリー）

ています。本書の各ページは、解説部分、スライド部分、メモ部分に分かれています。スライド部分では、重要なキーワードが空欄になっていますので、皆さんは解説部分を読みながらスライド部分の空欄にキーワードを埋めていってください。メモ部分は、皆さん自身で調べたことや、先生や講師がプラスアルファで話してくれたことをメモしておいてください。

本書の使い方は、次の二つを想定しています。

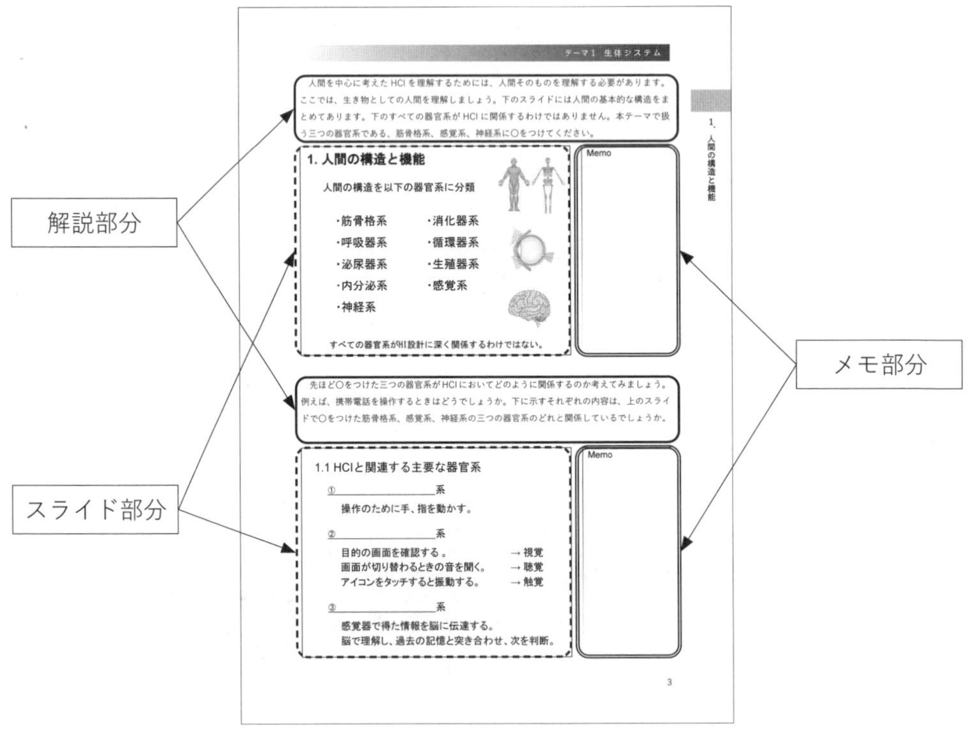

本書のページ構成

(1)　個人で本書を使って勉強する：まず解説部分を読んでみましょう。スライド部分の解答のヒントになることが書いてある場合もあります。そして、巻末の解答を見ながら、スライド部分の空欄にキーワードを記入してみてください。

(2)　授業やセミナーで本書を使って勉強する：授業を担当する先生や、セミナーの講師が、空欄部分にキーワードが書かれたPowerPointのスライド（コロナ社の書籍紹介ページ†より、教科書採用者・セミナー主催者向けにPowerPointのスライドを提供）を使いながら、解説をしてくれます。スライドを見ながら、空欄部分にキーワードを書き写していってください。

どちらの使い方も、自分の手を動かしてキーワードを空欄に記入していきますので、本書の内容に集中しながら頭の中を整理できると思います。また、皆さんがキーワードを実際に書くことで、少しでも記憶の片隅に知識として残ることを期待しています。空欄部分の記入がすべて終わったら、今度は本書をHCIの参考書として利用してもらえると考えています。

さらに、各テーマには演習課題を用意しています。演習課題を解くことによって各テーマの内容についてより理解が深まると思います。ぜひ、チャレンジしてみてください。

最後になりましたが、本書を執筆するにあたり、ご助言ご協力賜りました、甲南大学 山中仁寛先生、東京工科大学 相野谷威雄先生、東京都立大学 瀬尾明彦先生、笠松慶子先生、福井隆雄先生、岡本正吾先生に、深く感謝申し上げます。

また、出版にあたり、大変お世話になりましたコロナ社の皆様に厚く御礼申し上げます。

2022年2月

西内信之

本書に記載の会社名、製品名は、一般に各社の商標（登録商標）です。本文中ではTM、Ⓡマークは省略しています。

† https://www.coronasha.co.jp/np/isbn/9784339029277/

目　　　　次

第１部　人間に関すること

第２部　HCI の基礎知識

第 1 部

人間に関すること

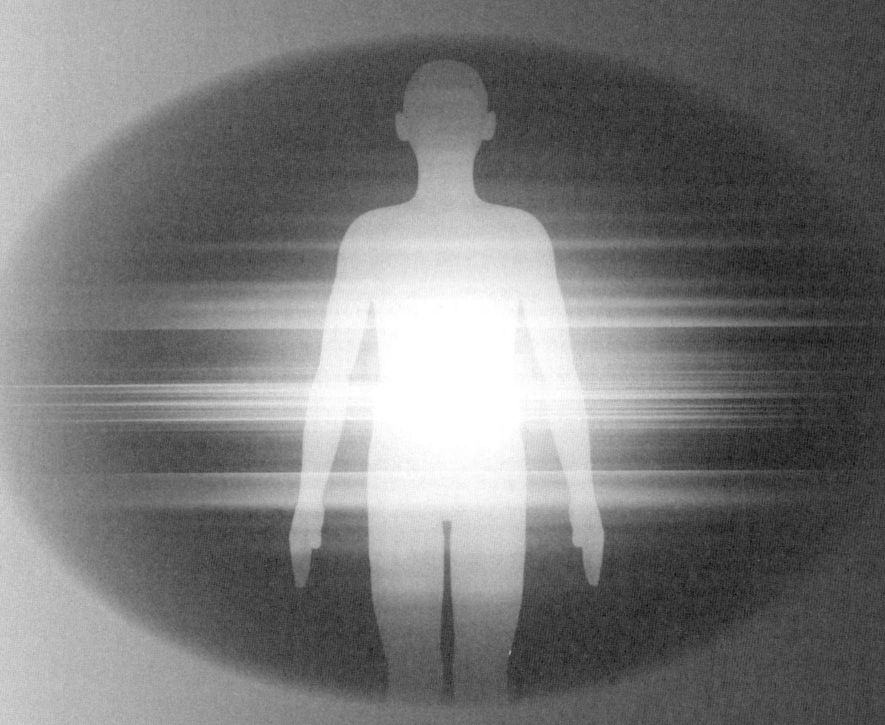

テーマ1 生体システム

●本テーマで学ぶこと●

第１部の「人間に関すること」では、生体システム、生体計測、色と人間、ヒューマンエラーの観点で、人間をとらえていきます。まずは、本テーマで生き物としての人間を理解しましょう。

1. 人間の構造と機能

   人間を中心に考えた HCI を理解するためには、人間そのものを理解する必要があります。ここでは、生き物としての人間を理解するために、人間を構成する器官系と、人間の機能という観点に着目してみましょう。

2. 人間に関するいろいろな名称

   HCI や人間工学に関する技術論文を読むときや書くときに、普段使っている「腕」、「足」、「胴体」といった言葉は使われていません。専門的な用語として、人間に関するいろいろな名称をチェックしておきましょう。

3. インタラクションデザインと関連する器官系

   人間の基本構造である器官系について、インタラクションデザインに関連する筋骨格系、感覚系、神経系の三つをそれぞれ詳しく解説します。

人間を中心に考えたHCIを理解するためには、人間そのものを理解する必要があります。ここでは、生き物としての人間を理解しましょう。下のスライドには人間の基本的な構造をまとめてあります。下のすべての器官系がHCIに関係するわけではありません。本テーマで扱う三つの器官系である、筋骨格系、感覚系、神経系に○をつけてください。

1. 人間の構造と機能

人間の構造を以下の器官系に分類

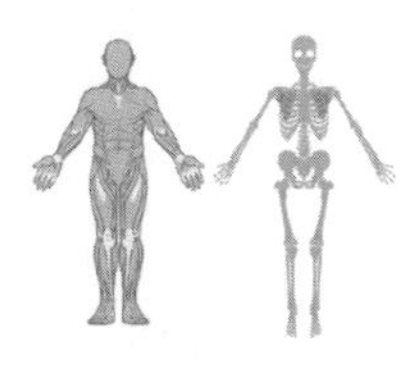

- ・筋骨格系　　・消化器系
- ・呼吸器系　　・循環器系
- ・泌尿器系　　・生殖器系
- ・内分泌系　　・感覚系
- ・神経系

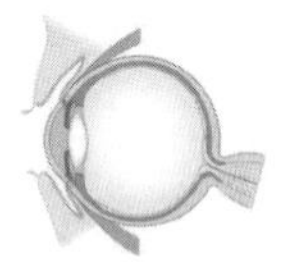

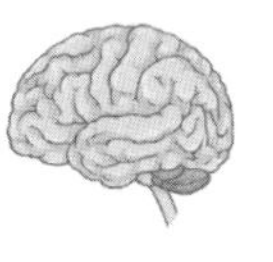

すべての器官系がHI設計に深く関係するわけではない。

Memo

先ほど○をつけた三つの器官系がHCIにおいてどのように関係するのか考えてみましょう。例えば、携帯電話を操作するときはどうでしょうか。下に示すそれぞれの内容は、上のスライドで○をつけた筋骨格系、感覚系、神経系の三つの器官系のどれと関係しているでしょうか。

1.1 HCIと関連する主要な器官系

①＿＿＿＿＿＿＿＿＿＿系

操作のために手、指を動かす。

②＿＿＿＿＿＿＿＿＿＿系

目的の画面を確認する。　→ 視覚
画面が切り替わるときの音を聞く。　→ 聴覚
アイコンをタッチすると振動する。　→ 触覚

③＿＿＿＿＿＿＿＿＿＿系

感覚器で得た情報を脳に伝達する。
脳で理解し、過去の記憶と突き合わせ、次を判断。

Memo

人間の基本構造である器官系とHCIを関連づけるときに、神経系については少しイメージしづらいですね。そこで、運動機能、感覚機能、認知機能の三つの人間の機能という観点でインタラクションデザインを見てみましょう。これら三つの機能を実現するために、人間の基本構造の器官系があると考えてみてください。

Memo

1.2 各機能から見たデザイン要素例

④＿＿＿＿＿＿＿機能：
物の大きさ、空間の大きさ、リーチ（手が届く距離）、操作具のかたさ、ものの重さ、機械の反応時間。

⑤＿＿＿＿＿＿＿機能：
表示の大きさ、明るさ、配色、警告音の大きさ・高さ。

⑥＿＿＿＿＿＿＿機能：
操作方法、表示内容、気づきやすさ。

人間の機能についての具体的な例として、ステーキを焼く場面を考えてみましょう。ステーキを焼くときは、キッチンにある様々な道具を使うわけですが、下のスライドに挙げたデザイン要素は、人間の三つの機能である運動機能、感覚機能、認知機能のどれと関連しているか考えてみましょう。

Memo

ステーキを焼く場面を考えてみよう

背の高さに合ったガスコンロの高さ
・⑦＿＿＿＿＿＿＿機能

炎の見やすい形状
・⑧＿＿＿＿＿＿＿機能

操作のしやすいつまみ
・⑨＿＿＿＿＿＿＿機能

もちやすいフライパンの取っ手形状
・⑩＿＿＿＿＿＿＿機能

わかりやすいレシピ
・⑪＿＿＿＿＿＿＿機能

器官系の詳しい解説に入る前に、人間に関するいろいろな名称を押さえておきます。まずは人間の身体各部の名称についてです。下の人体図の各部は、図の下に並んでいるどの名称が対応しますか。HCI や人間工学の技術論文を読むときや書くときに、普段使っている「腕」、「足」、「胴体」といった言葉は使われていません。これらの名称を使うようにしましょう。

2. 人間に関するいろいろな名称

2.1 身体各部の名称

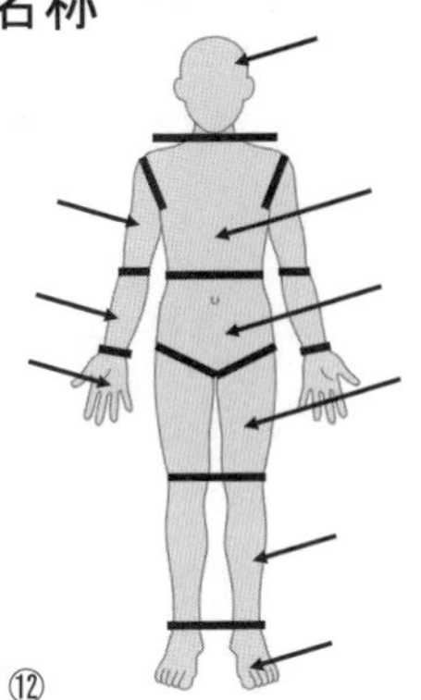

どの部分でしょう？⑫

頭部、体幹、体幹上部、体幹下部、上腕部、前腕部、手部、上肢、大腿部、下腿部、足部、下肢

Memo

専門的な名称は、身体の各部だけではなく、身体の運動（動作）にもあります。上肢（肩関節）、下肢（股関節）のどちらも運動の名称は同じです。外旋、内旋、屈曲、伸展、内転、外転という運動は、下のスライドのどの図が表しているでしょうか。身体各部の名称と同様に、技術論文の中では、これらの運動の名称が用いられています。

2.2 身体の運動の名称

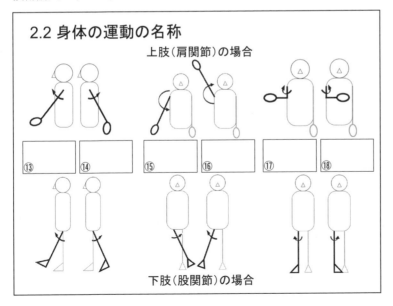

上肢（肩関節）の場合

⑬	⑭	⑮	⑯	⑰	⑱

下肢（股関節）の場合

Memo

それでは、最初の話題に戻って、人間の基本構造である器官系から、インタラクションデザインと関連する三つの器官系について、それぞれ詳しく見ていきましょう。まずは、筋骨格系です。筋骨格系は、人間の骨組みとなる骨格から構成される骨格系と、骨格を動かす筋から構成される筋系の二つに分けられます。

Memo

3. インタラクションデザインと関連する器官系

3.1 筋骨格系

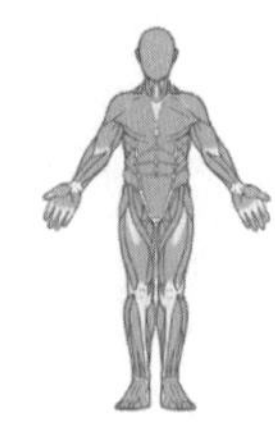

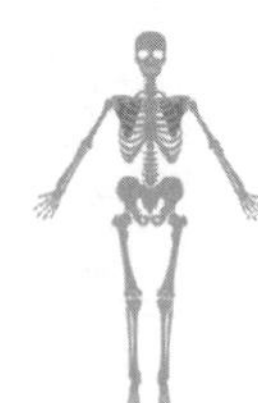

⑲＿＿＿＿＿＿＿＿：人間の骨組みとなる骨格。

⑳＿＿＿＿＿＿＿＿：骨格を動かす筋。

骨格系は、インタラクションデザインに直接は関係しなさそうですが、ここでは参考知識として押さえておきましょう。代表的な五つのパーツは、右の骨格図のどの部分でしょうか。各名称の右にある点と、対応する箇所を線で結んでみましょう。

Memo

3.1.1 骨格系

骨格（前面）

（1）骨格の構成

人間は206個の骨で構成。

おもな五つのパーツに分けられる。

㉑

1) 頭蓋骨　・

2) 胸郭（きょうかく）　・

3) 脊柱　・

4) 上肢骨　・

5) 下肢骨　・

続いて、関節についてです。まずは、関節の骨端の名称です。骨端の形が凸形か凹形で区別しています。凸形の骨端を関節頭、凹形の骨端を関節窩（か）といいます。

次に関節の種類です。関節にもいろいろな種類があります。蝶番関節、球関節、鞍関節はどこの関節でしょうか。関節の動き方、回転の自由度は各自でチェックしておきましょう。

(2) 関節

2個以上の骨と骨がつながっている部分

・凸形の骨端：㉒__________________

・凹形の骨端：㉓__________________

いろいろな種類の関節の例

1)㉔__________関節：股関節・肩関節。

2)㉕__________関節：親指の根元の関節。

3)㉖__________関節：肘関節・膝関節。

Memo

筋は大きく三つに分類することができます。下のスライドの説明文は、骨格筋、心筋、内臓筋のどれに当てはまるでしょうか。骨格筋は、随意筋ですので自分の意志によって動かすことができますが、心筋と内臓筋は、不随意筋ですので、自分の意志によって動かすことができません。ですから、インタラクションデザインに関係する筋は骨格筋だけですね。

3.1.2 筋系

筋は三つに大別できる。

(1)㉗____________筋：骨格に付着して身体運動を発生させる。通常、筋といえばこれを指す。（組織学的分類：横紋筋）

(2)㉘____________筋：心臓の筋。（組織学的分類：横紋筋）

(3)㉙____________筋：内臓全般の筋。（組織学的分類：平滑筋）

Memo

全身のおもな骨格筋の名称を見てみましょう。実際には、約400の骨格筋がありますが、ここでは特に主要な骨格筋だけを取り上げて名称を示しています。次のテーマ2で筋肉の活動量を計測する技術について説明しますが、そのような計測を実際に行う場合には、骨格筋の位置や名称を正確に覚える必要があります。

Memo

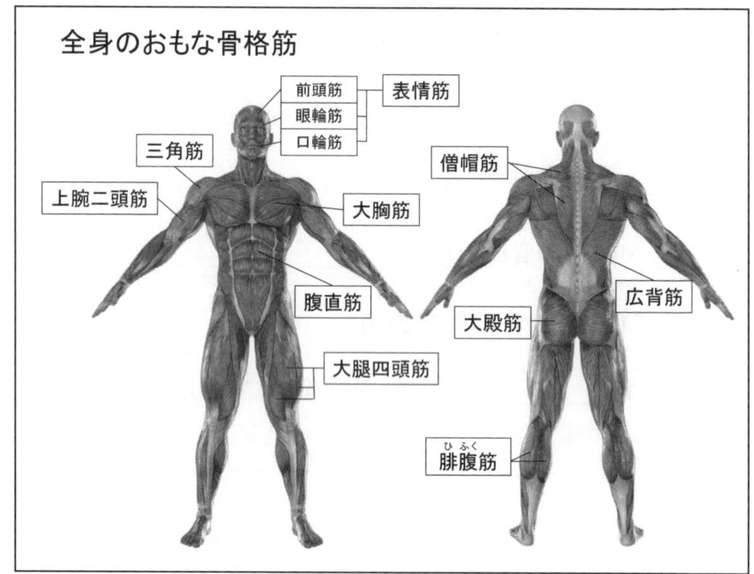

それでは、ここで前半の演習課題をやってみましょう。前半の演習課題では、人間の機能の一つである、運動機能について考えます。これまでの話をもとに、人間の運動機能に関連する自転車のデザイン要素を考えてみてください。イラストを書いてそれを使って説明しても良いです。

Memo

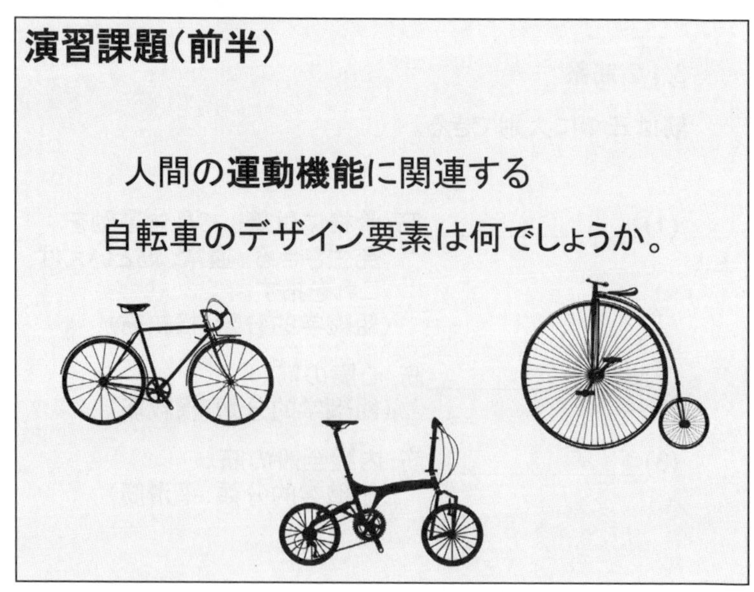

二つ目の器官系の感覚系について詳しく見ていきましょう。「感覚」とは、刺激によって生じる意識体験であるといわれています。皆さんがおそらくいままでに聞いたことがある「五感」と呼ばれる分類は、視覚、聴覚、触覚、味覚、嗅覚の五つですが、生理学の観点では、少し違った分類になります。大きなくくりとして特殊感覚、体性感覚、内臓感覚の三つに分けられます。

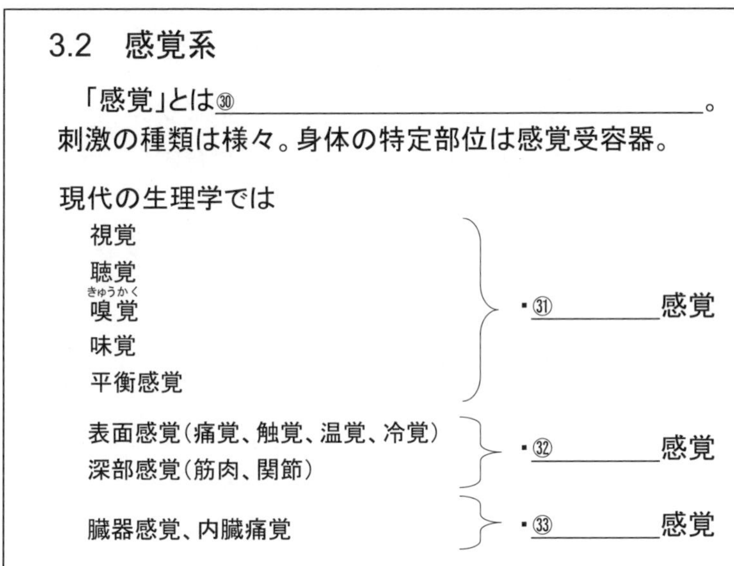

Memo

様々な感覚の中から、いくつかをピックアップして説明していきます。まずは、特殊感覚の一つの視覚です。外界からの光は角膜、眼房水、そして瞳孔を通って、水晶体、硝子体を通過して網膜に達します。網膜に光が衝突すると電気エネルギーに転換され、視神経を伝って最終的に脳に達して視覚となります。下の眼球の水平断面図に示す各部名称は重要です。

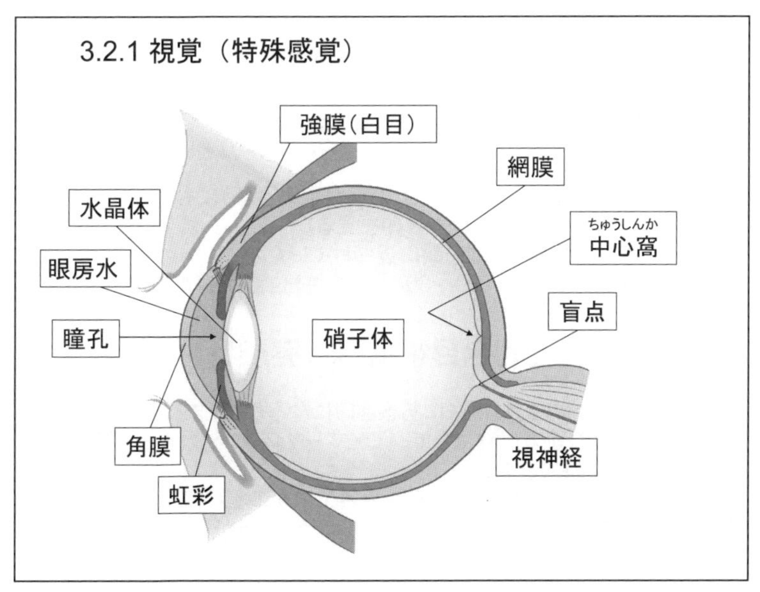

Memo

網膜上にある視細胞は、錐体細胞と桿体（かんたい）細胞の二つに分けられます。錐体細胞は、三角錐の形状をしており、色に反応し、鮮明な像を得ることができ、明るいところで働きます。一方で桿体細胞は円柱の形状をしており、明暗に反応し、像は粗く、暗いところで働きます。

Memo

㉞＿＿＿＿＿＿＿細胞（すいたいさいぼう）は
- ㉟＿＿＿＿＿＿＿＿＿＿＿＿＿＿の形状。
- ㊱＿＿＿＿＿＿＿＿＿＿＿＿＿＿に反応。
- ㊲＿＿＿＿＿＿＿＿＿＿＿＿＿＿な像。
- ㊳＿＿＿＿＿＿＿＿＿＿＿＿＿＿でよく働く。

㊴＿＿＿＿＿＿＿細胞（かんたいさいぼう）は
- ㊵＿＿＿＿＿＿＿＿＿＿＿＿＿＿の形状。
- ㊶＿＿＿＿＿＿＿＿＿＿＿＿＿＿に反応。
- ㊷＿＿＿＿＿＿＿＿＿＿＿＿＿＿像。
- ㊸＿＿＿＿＿＿＿＿＿＿＿＿＿＿でよく働く。

ここで簡単な実験をやってみましょう。盲点を知る実験と利き目を調べる実験です。盲点の実験では、今回は白色の背景ですが、色や模様がついた背景ではどうでしょうか。試してみてください。利き目については、人間工学の実験において片目だけで実験をするような場合は、注意を払う必要があります。スポーツや射的においても、利き目は重要であるとされています。

Memo

<盲点を知る実験>

●　　　間は指3本から4本分ぐらい　　　×

1. 腕を前方に伸ばした状態で上の図が見えるようにもつ。
2. 右目を閉じて、左目だけで×印を見る。
3. ×印を見た状態で、図を顔に近づけていく。
4. ●印が見えなくなる（20～30cmの位置）位置が盲点です。

<利き目を調べる実験>

1. 壁掛け時計のような遠くにある目印になるものをまっすぐ見る。
2. 片腕を顔の前方に伸ばして、「OKマーク」を作る要領で目印とOKマークの穴を重ねる。
3. その状態で動かずにそれぞれ片目で穴をのぞいて見る。
4. 目印が穴に入ったままのほう（近いほう）の眼が利き目です。

次に特殊感覚の一つの聴覚です。人間の可聴範囲は約 20（低音）～約 20,000 Hz（高音）といわれています。インタラクションデザインの観点では、老人性難聴の特徴をよく理解しておきましょう。高齢者との会話では、少し低めの声でゆっくりと話す(高音が聞き取りづらい)、言葉をはっきりと発音する、大声を出さず近づいて話す、といったことに注意しましょう。

3.2.2 聴覚（特殊感覚）

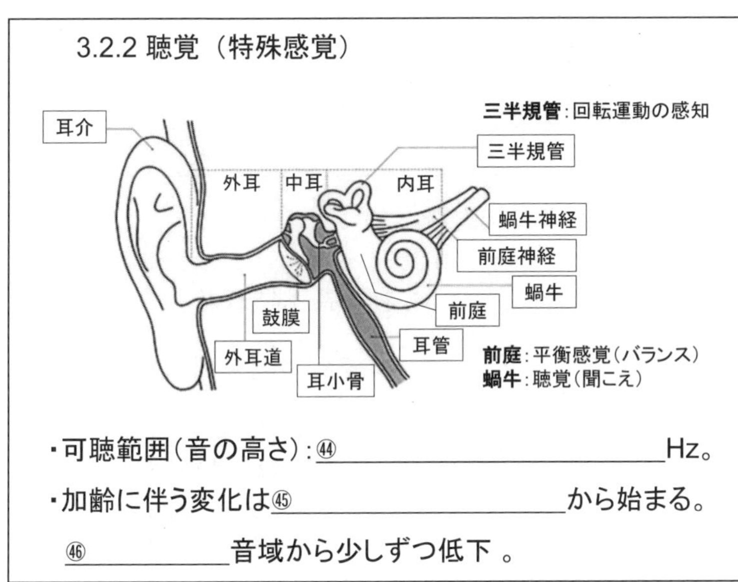

・可聴範囲（音の高さ）：㊹＿＿＿＿＿＿＿＿＿＿Hz。

・加齢に伴う変化は㊺＿＿＿＿＿＿＿＿＿＿から始まる。

㊻＿＿＿＿＿音域から少しずつ低下 。

Memo

最後は、体性感覚のうちの表面感覚と深部感覚についてです。表面感覚の痛覚（痛さ）、触覚（触れた感じ）、温覚（暖かさ）、冷覚（冷たさ）は、皮膚にあるそれぞれの感覚に対応した受容器（センサの役目）によるものです。バーチャルリアリティ（VR）の分野では、これらの感覚を利用してより現実に近い仮想空間を再現する研究が行われています。

3.2.3 表面感覚と深部感覚（体性感覚）

㊼＿＿＿＿＿感覚	㊾＿＿＿＿＿感覚
・㊽＿＿＿＿＿＿（痛さ）	・運動覚（関節の角度など）
・㊾＿＿＿＿＿（触れた感じ）	・圧覚（押さえられた感じ）
・㊿＿＿＿＿＿＿（暖かさ）	・深部痛
・(51)＿＿＿＿＿＿（冷たさ）	・振動覚

Memo

三つの器官系の最後は、神経系です。神経系は、行動、思考、生命の維持を担っています。神経系は、中枢神経系と末梢神経系に分けられて、さらに、末梢神経系は体性神経系と自律神経系に分けられます。中枢神経系の活動から信号を読み取り、人間と外部機器をつなげるブレインコンピュータインタフェースという技術の開発も進んでいます。

Memo

3.3　神経系

身体構造の各システムをコントロール。
人間の㊸＿＿＿＿＿＿＿＿＿＿＿＿。
神経系は二つに大別。

(1) ㊹＿＿＿＿＿＿神経系：脳と脊髄。

(2) ㊺＿＿＿＿＿＿神経系：中枢神経系以外。

- ㊻＿＿＿＿＿神経系　**感覚**神経：知覚の制御。
  運動神経：運動の制御。
- ㊼＿＿＿＿＿神経系　**交感**神経系：活動がアクティブ。
  副交感神経系：生体を休息。

それでは、後半の演習課題を考えてみましょう。後半の演習課題では、人間の機能である、感覚機能と認知機能について考えます。後半の話をもとに、人間の感覚機能と認知機能に関連する携帯電話のデザイン要素を考えてみましょう。前半同様に、イラストを書いてそれをもとに説明しても良いです。

Memo

演習課題（後半）
人間の感覚機能・認知機能に関連する
携帯電話のデザイン要素は何でしょうか。

テーマ２ 生　体　計　測

●本テーマで学ぶこと●

測定対象は大きく四つに分類されます。人体寸法の測定、運動の測定、生理的機能の測定、心理的機能の測定です。

1. 人体寸法の測定

   まずは一つ目の測定対象である人体寸法です。これらの測定データは、様々な製品のデザインに生かされています。代表的な手法について詳しく見てみましょう。

2. 運動の測定

   人間を測定するのは、人体の寸法だけではありません。二つ目の測定対象は運動です。人間の運動を測定することは、客観的データ取得の観点から重要なことです。ここでは、眼球運動計測、筋電位計測、三次元動作計測について説明します。

3. 生理的機能の測定

   三つ目の測定対象は生理的機能です。人間は生きていますから、様々な生理的現象があります。どのような生理指標があるか、簡単に述べます。

4. 心理的機能の測定

   最後の測定対象は心理的機能です。ここでは、質問紙調査法について説明します。人間工学の分野、HCI の分野でよく用いられている既存の質問紙を紹介します。

まずは、生体計測の定義です。巻末の解答または解説 PPT を写してみてください。定義に書いてある内容には大きく二つの観点「問題点を探る」、「ものづくりのための基礎データ」があります。さらに、それぞれの観点はテーマ1で出てきた運動機能、感覚機能、認知機能に関連する内容に分けられます。

Memo

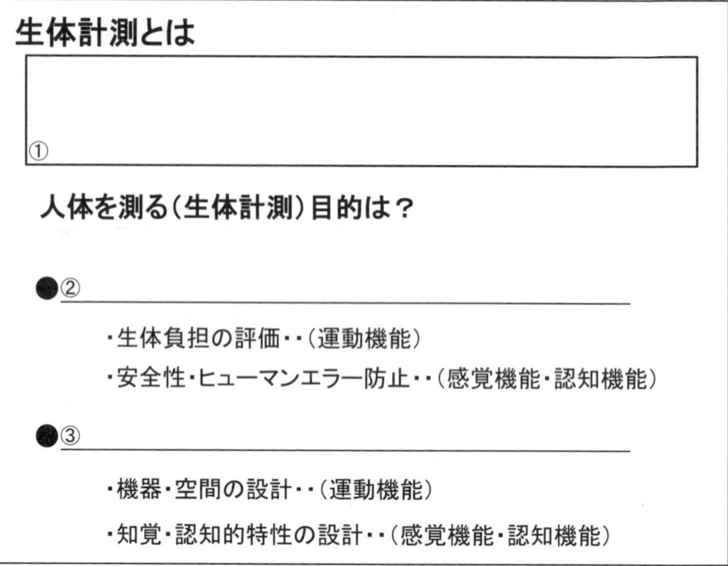

生体計測とは
①
人体を測る(生体計測)目的は？
●②
・生体負担の評価・・(運動機能)
・安全性・ヒューマンエラー防止・・(感覚機能・認知機能)
●③
・機器・空間の設計・・(運動機能)
・知覚・認知的特性の設計・・(感覚機能・認知機能)

それでは、人間を測定する技術について詳しく見ていきましょう。測定対象は大きく四つに分類されます。まずは一つ目の測定対象の「人体寸法」です。人体寸法を測定する方法は大きく直接法（接触法）と間接法（非接触法）に分けられます。それぞれの代表的な手法を一つずつ取り上げて、次のスライドから詳しく見ていきましょう。

Memo

1. ④＿＿＿＿＿＿＿＿＿＿の測定

1.1⑤＿＿＿＿＿＿＿法：身体に接触させて測る。

代表的手法：マルチン式計測法、スライディングゲージ法

1.2⑥＿＿＿＿＿＿＿法：身体に接触させないで測る。

代表的手法：三次元形状計測法、モアレトポグラフィ

直接法の代表的な手法はマルチン式計測法です。マルチン式人体計測器は、(1) から (5) のような人体を測る様々な計測器がセットになったものです。人体を測るとき、体のどの点を測っても良いというわけではありません。日本産業規格 (JIS) の「JIS Z 8500:2002 人間工学 - 設計のための基本人体測定項目」には 104 の人体の測定項目 (うち一つは体重) が規定されています。

1.1 直接法

▪ ⑦ ＿＿＿＿＿＿＿＿＿＿＿＿ **計測法**

計測器の種類

(1) 直線距離測定　：身長計、触角計、桿状計

(2) 曲線の長さ測定：巻尺

(3) 角度測定　：角度計

(4) 重量測定　：体重計

(5) 皮下脂肪厚測定：皮脂厚計

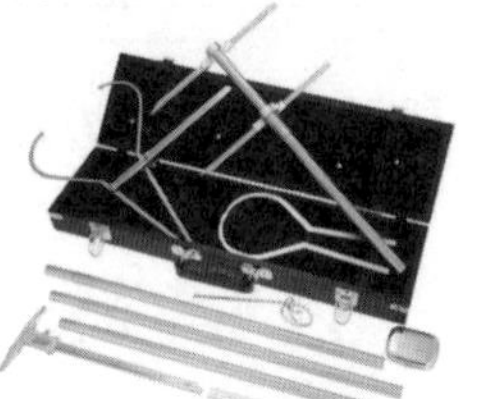

マルチン式人体計測器

(提供：株式会社ツツミ)

Memo

間接法の代表的な手法は三次元形状計測法です。おもにレーザー光を人体に投影して、三角測量の原理により三次元形状を計測します。特定の製品設計やサービスにフォーカスして、全身または特定の身体部位を測定することがあります。下のスライドに書いてある人体の部位の測定は、どのような製品設計やサービスにつながっているか調べてみてください。

1.2 間接法

▪ ⑧ ＿＿＿＿＿＿＿＿＿＿＿＿ **計測法**

レーザー光を人体に投影し、その反射光を検出した位置より三角測量の原理で座標を求め、三次元形状を計測する。

- 全身の三次元形状
- 頭部の三次元形状
- 手の三次元形状
- 顔の三次元形状
- 足の三次元形状

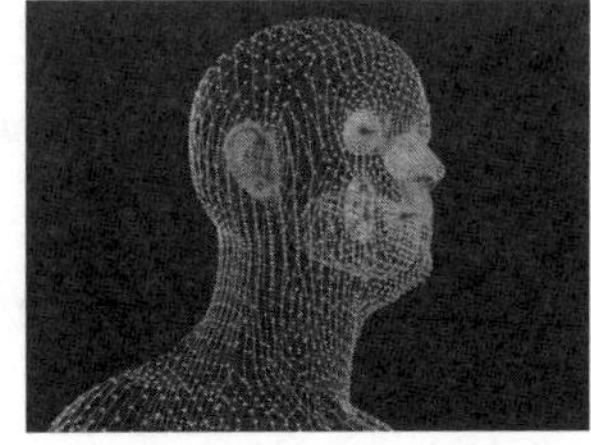

Memo

人体寸法の測定は、たくさんの人を集めて測定するわけですから、手間とお金がかかります。まずは人体寸法のデータベース（文献5）参照）に欲しいデータがないか調べてみるのが良いでしょう。設計寸法の足し算の式は、あくまでも概念的なものです。そして、設計寸法を決めるときの設計基準もいろいろな考え方があります。どんな既存製品が当てはまるでしょうか。

Memo

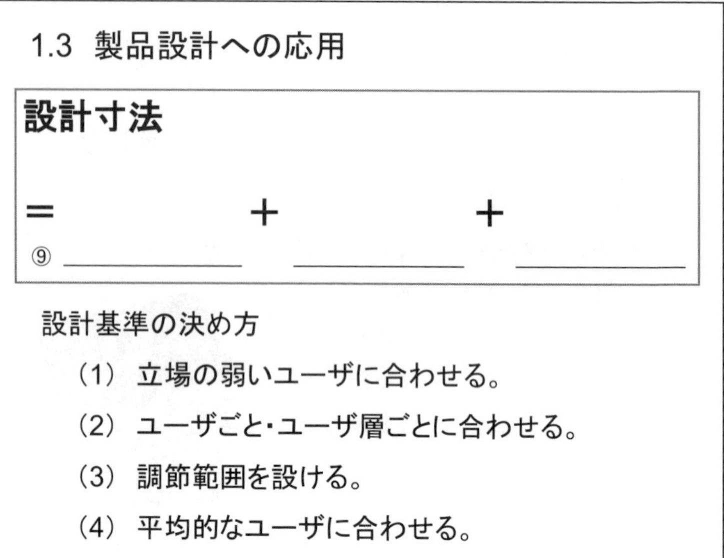

人体寸法のデータは正規分布になることが多いため、多くの場合で統計的なアプローチが可能です。例えば、測定データの平均値、標準偏差から人体寸法データの分布の特徴を知ることができます。また、人間を測定したデータを扱うときにパーセンタイル値がよく用いられます。乳幼児の成長の評価に用いられたりします。

Memo

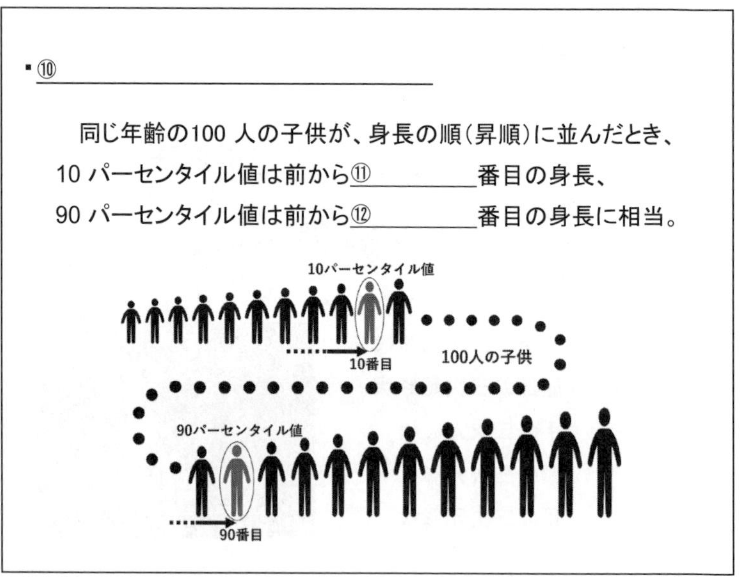

それでは、前半の演習課題をやってみましょう。これまでのスライドの中に答えはあります。自分なりの文章にまとめてみてください。じつはこの問題は、日本人間工学会が実施している人間工学専門資格認定試験の問題をもとに作成しています。興味がある人は、どのような試験なのか調べてみてください。

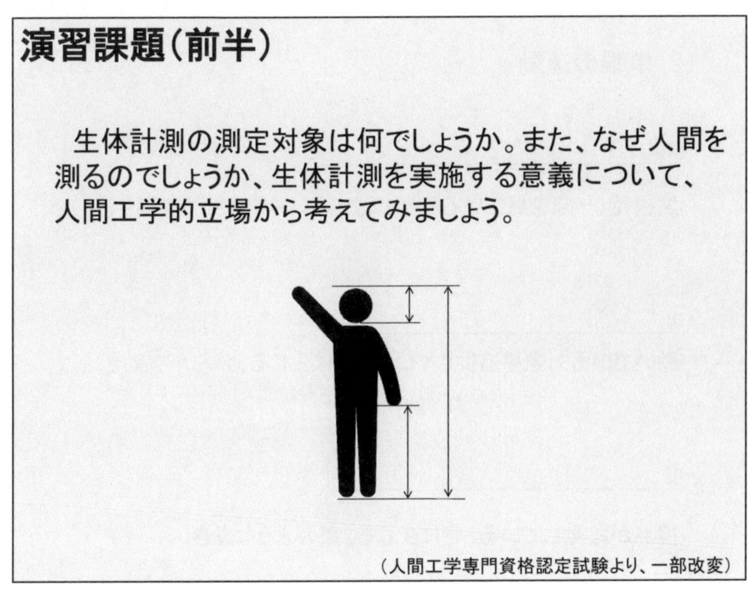

Memo

続いて、二つ目の測定対象の「運動」です。まずは、HI 設計と深く関連する眼球運動の計測を見てみましょう。両眼の眼球運動は 2 種類あります。共役性運動は、左右の目が同じ方向に動きます。例えば、前方の物体が左右に動くときです。一方、輻輳（ふくそう）開散運動は、左右の目が逆の方向に動きます。前方の物体が前後に動くときです。単に輻輳というときもあります。

2. ⑬ ＿＿＿＿＿＿＿＿の測定

2.1 眼球運動

(1)両眼の運動

▪⑭ ＿＿＿＿＿＿＿＿**運動：左右が同じ方向に動く運動。**

▪⑮ ＿＿＿＿＿＿＿＿**運動：左右がたがいに逆方向に動く運動。**

Memo

単眼の眼球運動のうち、固視微動は、視覚系にとってノイズとみなされることもありますが、網膜状の解像度を保ち、はっきり見るために欠かせない運動です。本を読んでいるとき、１文字ずつ文字を読んでいるときは随従（眼球）運動、行の最後から次の行の初めに移るときのジャンプのような動きは跳躍（眼球）運動（サッカード）です。

Memo

(2) 単眼の運動

- ⑯ ________________：
  注視時（一点を見ているとき）に生じる、非常に小さな動き。
- ⑰ ________________：
  動いている対象を追従しているときに生じる、滑らかな動き。
- ⑱ ________________：
  視点が移動しているときに生じる、跳ぶような動き。

眼球運動を計測する方法はいくつかあります。それぞれの手法について、計測方法や特徴をチェックしておきましょう。現在、市販されている眼球運動計測装置の多くは、瞳孔角膜反射法を基本原理として採用しています。眼球運動計測装置、評価方法については、テーマ９の４で取り上げていますので、合わせて確認しておいてください。

Memo

(3) 様々な眼球運動計測の手法

- **EOG法**
  目の回りに電極を貼り、生体アンプで増幅して測定。
- **強膜反射法**
  目に弱い赤外光を当て、白目と黒目の反射率の違いにより目の動きを検出。
- **角膜反射法**
  角膜上の赤外LEDの虚像が、角膜と眼球の回転中心の違いにより、
  眼球運動に伴って平行移動するのを赤外感度をもつビデオカメラで検出。
- **瞳孔角膜反射法**
  原理は角膜反射と同じ。瞳孔中心も同時に抽出して基準とするため、
  顔面からセンサが多少動いても良い 。
- **サーチコイル法**
  コイルを巻いたコンタクトレンズを装用、磁界の中で検出、きわめて精度が高い。

次は、筋電位の計測です。筋電位とは、筋細胞（筋繊維）が収縮するときに発生する活動電位のことです。一般には筋腹に表面電極を貼付して活動電位を計測します。そして、縦軸に筋電位を、横軸に時間をとったグラフが筋電図です。異なる筋電位を同時記録して分析することが多いです。

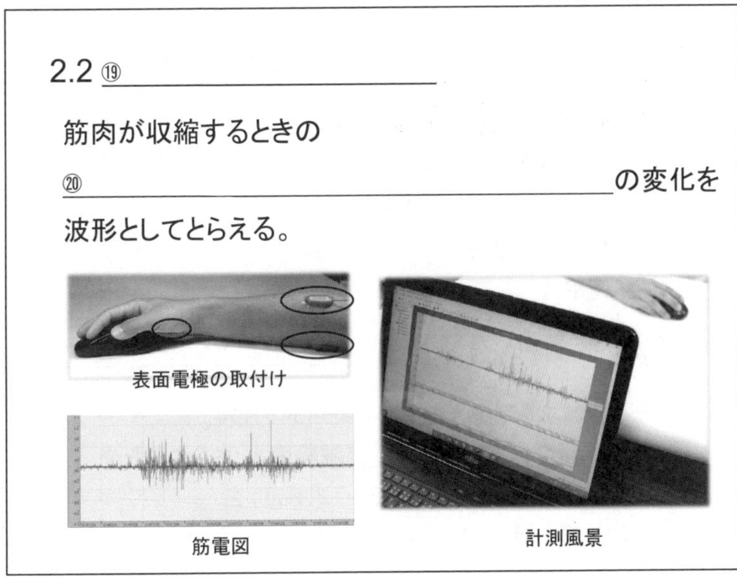

2.2 ⑲＿＿＿＿＿＿＿＿
筋肉が収縮するときの
⑳＿＿＿＿＿＿＿＿＿＿＿＿の変化を
波形としてとらえる。
表面電極の取付け
筋電図
計測風景

Memo

最後は、三次元動作の計測です。人間の動きを複数のカメラで撮影することで、体の位置や関節角度の変化を三次元的に計測することができます。被験者の体に赤外線反射マーカを取りつけるタイプと、取りつけないマーカレスのタイプがあります。一般的に、精度の高い定量的評価が可能になります。

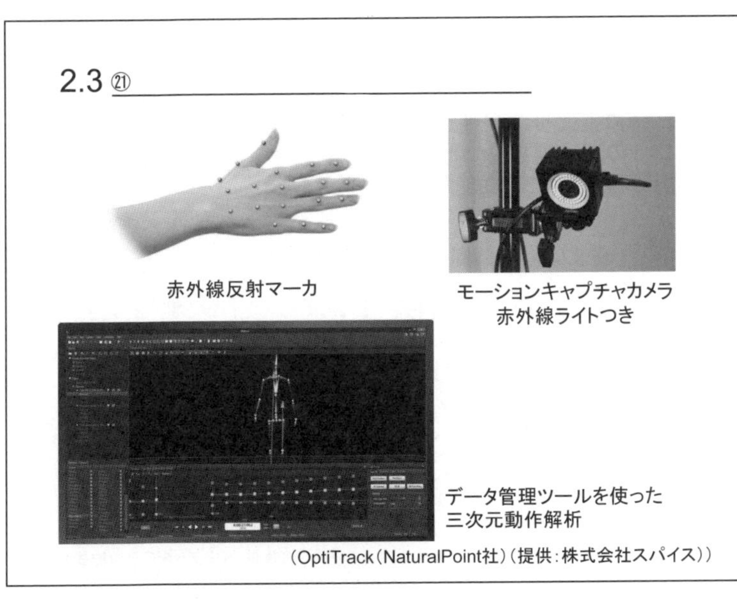

Memo

三つ目の測定対象は「生理的機能」です。生理指標には様々なものがあります。ここでは、代表的なものについて触れます。人間の疲労を計測する方法としては、人間工学、労働衛生学などにおいてフリッカー検査が用いられてきました。疲労を測る別の方法として、脳波の周波数分析や、心拍を測ることで自律神経を数値化して疲労度を評価する方法などがあります。

Memo

3. ㉒ ________________ の測定

3.1 心拍・血圧・体温・呼吸

・ミストサウナ入浴時
・ストッキングの下肢圧迫時
・自動車運転時
・睡眠時

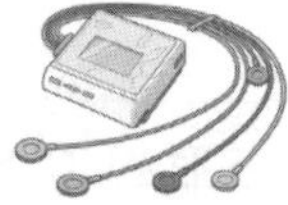

ホルター心電計

3.2 疲労: ㉓ ________________

点滅する刺激光を一定の条件下で注視。
点滅頻度大:連続光 ⇒ 点滅頻度小:ちらついた光
として見える。そのしきい値(点滅頻度) を、
フリッカー値（CFF : critical flicker fusion frequency）という。

脳波は大脳皮質の活動電位を頭皮上に装着した二つ以上の皮膚電極を介して、高感度の増幅器で増幅し記録したものです。脳波は、波の周波数、振幅、波形などの観点から分析されますが、一般的には周波数が注目されていて、それぞれの周波数帯域に関する生理学的意義づけが検討されています。

Memo

3.3 脳波

頭皮上に少なくとも
二つの皮膚電極をつける。
両電極の示す電位差が脳波。

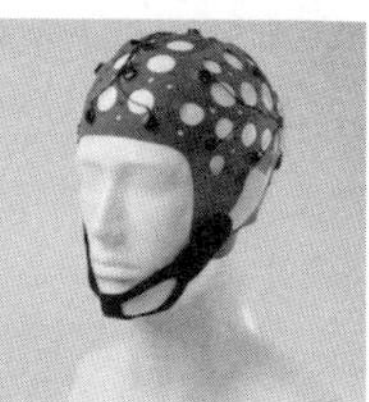

脳波計

脳波は以下の周波数帯域で分類

デルタ ㉔ ____ 波 1～3Hz: ㉕ ________________

シータ ㉖ ____ 波 4～7Hz: ㉗ ________________

アルファ ㉘ ____ 波 8～13Hz: ㉙ ________________

ベータ ㉚ ____ 波 14～30Hz: ㉛ ________________

（提供:イーストメディック株式会社）

最後の四つ目の測定対象は「心理的機能」です。心理的な特性を測定する方法として、質問紙調査法があります。質問項目をオリジナルで作成する場合もありますが、ここでは、既存の質問紙をいくつか紹介します。まずは、人間工学の分野で用いられている、疲労感や負担感の程度を調べる二つの調査ツールです。

4. ㉜＿＿＿＿＿＿＿＿＿＿＿＿の測定

質問紙調査法

㉝

対象者が主観的にもっている心理的な特性を測定。

4.1 人間工学の分野で用いられる質問紙

・疲労自覚症状調査（自覚症しらべ）
作業に伴う疲労状況の経時的変化をとらえる。

・身体疲労部位調査（疲労部位しらべ）
身体の部位ごとに痛みやだるさを簡便に評価できるツール。

（日本産業衛生学会産業疲労研究会より）

Memo

次に、HCI の分野で用いられている質問紙です。これらは、システムやWeb サイトのユーザビリティ（使いやすさ）を主観的に評価するツールです。対象物のユーザビリティを測定するのに優れた方法ですが、完璧ではありませんので、他の測定手法と組み合わせて評価する必要があります。

4.2 HCIの分野で用いられる質問紙

・システムユーザビリティスケール
（SUS：system usability scale）

ジョン・ブルック（John Brooke）が開発。現在は、さまざまな製品、サービス、Webサイト、アプリなどの評価に利用。10項目の質問について、同意する度合いを5段階で評価。得られた評価のスコアから、一つの最終スコアを求めることができるため、システム間の比較も可能。

・ウェブユーザビリティ評価スケール
（WUS：web usability scale）

富士通とイードが共同で開発。Webのユーザビリティを定量的に評価するためのアンケート評価手法。Webユーザビリティに関する21項目（七つの評価軸）の質問に対して5段階で評価。七つの評価軸ごとの得点と、総合点を評価指標とする。

Memo

後半の演習課題です。家庭用のゲーム機について考えてみましょう。人間工学的な実験を行うときは，いくつかの生体計測を組み合わせて実施するのが一般的です。家庭用ゲーム機を対象として生体計測を実施する場合に，人間の何を計測してゲーム機の設計に生かすことができるでしょうか。四つの測定対象それぞれについて検討してみてください。

Memo

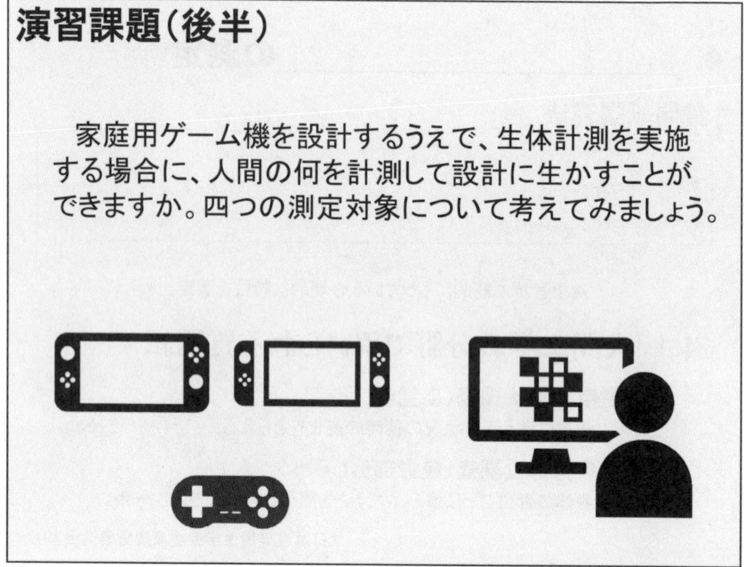
演習課題（後半）
家庭用ゲーム機を設計するうえで、生体計測を実施する場合に、人間の何を計測して設計に生かすことができますか。四つの測定対象について考えてみましょう。

テーマ3 色と人間

●本テーマで学ぶこと●

1. 色とは

　まずは、人間が色を感じる仕組みを理解しましょう。物体の色を感じる正しい仕組みについては、意外と知らない人もいるのではないでしょうか。

2. 色の分類・属性・伝達・混合

　色に関する知識として知っておくべきことをまとめてあります。重要なキーワードがたくさん出てきますので、きちんと整理して覚えていきましょう。

3. 色の視覚効果・心理効果

　ある条件下で複数の色を同時に見ると、本来とは異なった色に感じてしまうといった視覚効果と、色から連想されるイメージや色が人間の心理に影響を及ぼすといった心理効果に分かれています。

4. 色を考慮した設計

　最後は、HCI と密接に関係する色を考慮した設計についてです。ここでは、安全色彩とカラーユニバーサルデザインについて触れます。

＊スライドの右上に★印がついたページは、スマートフォンやタブレットなどで右の二次元コードを読みとると、カラーページを見ることができます。

色に関する資格試験に、カラーコーディネーター検定試験、色彩検定などがあります。本テーマで学ぶ内容は、色彩検定3級レベルの内容にHCIの観点をプラスしています。

まずはテーマでもある色と人間の関係性を概観します。本テーマを学ぶ目的でもあります。巻末の解答または解説PPTを写してみてください。

Memo

色と人間

色の使い方を誤ると

- ①＿＿＿＿＿＿＿＿＿＿＿＿＿＿＿＿。
- ②＿＿＿＿＿＿＿＿＿＿＿＿＿＿＿＿。

「活かして使う」・「正しく使う」
色の性質を理解することが重要。

色彩を考えた製品設計・環境設計

- ③＿＿＿＿＿＿＿＿＿＿＿＿＿＿＿＿。
- ④＿＿＿＿＿＿＿＿＿＿＿＿＿＿＿＿。

はじめに、色とは何でしょうか。下のスライドには三つの観点の説明が書かれています。空欄には、「太陽光線」、「光」、「可視光線」のどれかが入ります。この三つの語句には共通する重要なキーワードがあるのですが、わかりますね。人間が物体の色を感じるには、「光」が重要な役割を果たしていますが、それだけではだめです。

Memo

1. 色とは

「色」を辞書で調べてみると・・・・

- ⑤＿＿＿＿によって感じる、物の感じ方の一つ。
- 物に当たる⑥＿＿＿＿＿＿＿＿のうち、吸収されないで反射されたものを人間の目が受け取ると、そのものの色として映る。
- 目の網膜にある視細胞が、波長が380~780nmの⑦＿＿＿＿＿＿＿＿に刺激されて起こる感覚。

共通するキーワードは？　⑧＿＿＿＿＿＿＿＿

人間が物体の色を感じる仕組みを考えてみましょう。(1)～(3) に「視覚」、「物体」、「光源」のどれかのキーワードを記入してみましょう。どれか一つが欠けても物体の色を感じることができない、ということがわかりますか。人間が物体の色を感じるということは、言い換えると、光源の光が物体に当たって反射した光を人間が見ているということになります。

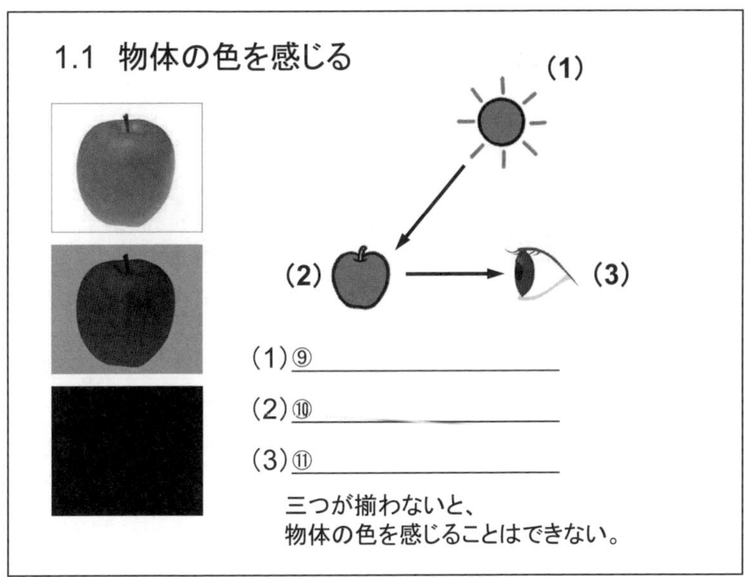

Memo

太陽の光をプリズムに通すと、虹のような色の帯ができます。このことを発見したのは、万有引力の発見者であるアイザック・ニュートンです。この色の帯をスペクトルと呼び、光をスペクトル（波長成分）に分けることを分光といいます。人間が物体の色を感じるのは、物体からの反射光を見ているからですが、光源が重要な役割を果たしていることがわかりますか。

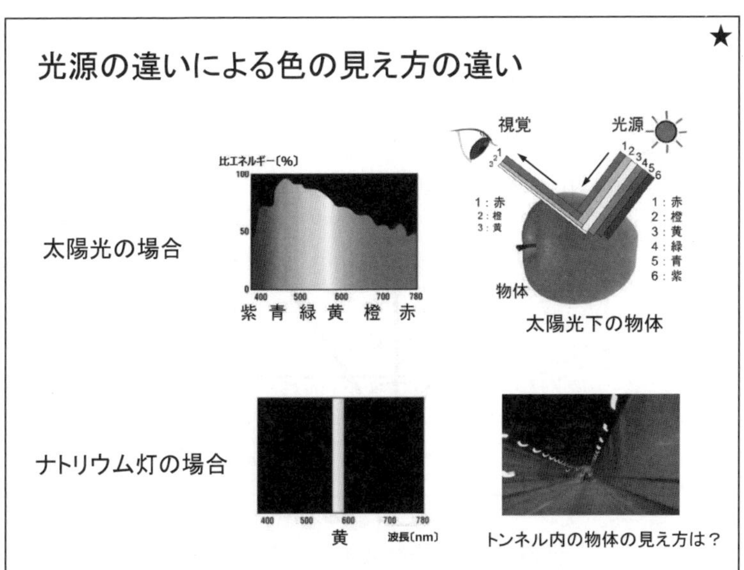

Memo

これまでの内容で、人間が物体の色を感じる仕組みは理解できたでしょうか。それでは、同じ光源のもとで、同じ青色プラスチック板２枚のうち１枚だけ紙やすりでこすります。同じ材質のものなのに、紙やすりでこすったほうが白っぽく見えるのはなぜでしょうか。これは正反射している光と拡散反射している光を見ている違いから、違った色のように見えるのです。

Memo

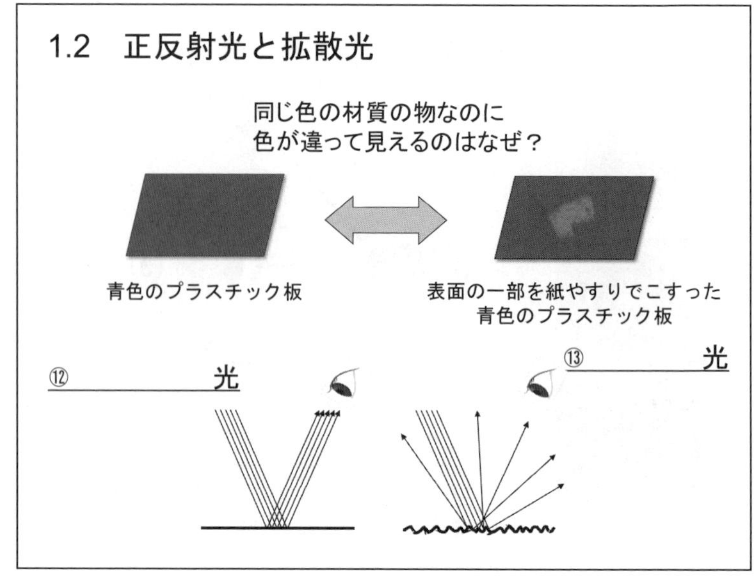

材質は同じでも、表面の凸凹形状が異なることで、反射する光の方向も変化します。三次元コンピュータグラフィックス（3DCG）の分野では、この反射する光の特性を細かく再現しています。これによって、単なる色ではなく、素材の見た目の質感や風合いが生まれ、3DCG の没入感や臨場感が高まります。

Memo

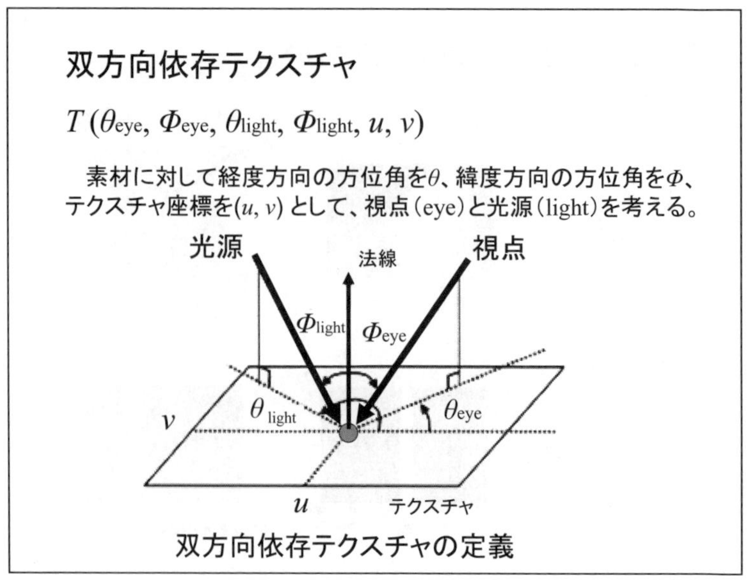

双方向依存テクスチャ
$T(\theta_{eye}, \Phi_{eye}, \theta_{light}, \Phi_{light}, u, v)$
素材に対して経度方向の方位角をθ、緯度方向の方位角をΦ、
テクスチャ座標を(u, v)として、視点（eye）と光源（light）を考える。
光源
法線
視点
Φ_{light}
Φ_{eye}
θ_{light}
θ_{eye}
v
u
テクスチャ
双方向依存テクスチャの定義

続いて、色に関する知識として、色の分類、属性、伝達、混合について話していきます。まずは、色の分類です。色は、大きく、無彩色という色みのない色と、有彩色という色みのある色に分けられます。

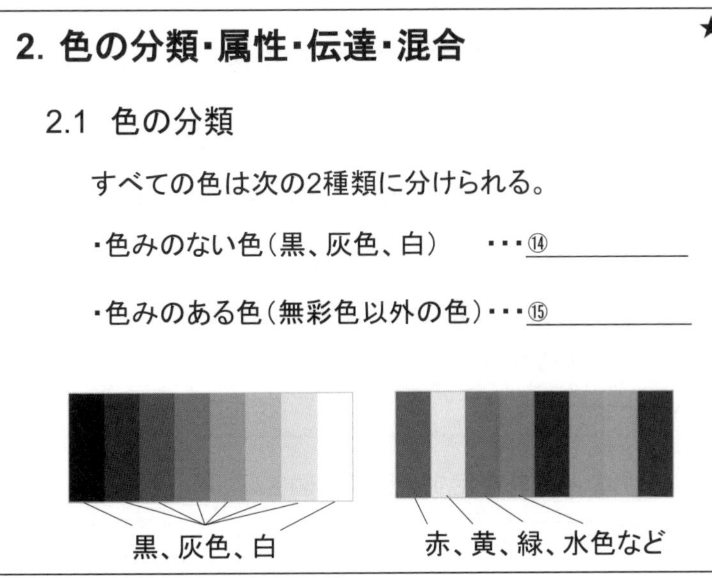

2. 色の分類・属性・伝達・混合
★
2.1 色の分類
すべての色は次の2種類に分けられる。
・色みのない色（黒、灰色、白） ・・・⑭
・色みのある色（無彩色以外の色）・・・⑮
黒、灰色、白
赤、黄、緑、水色など

Memo

次に色の三属性についてです。色の三属性とは色相、明度、彩度で表される色がもつ三つの性質のことです。ある属性が変化しても、他の属性はそれによる影響を受けません。この三つの属性を正しく理解しましょう。

2.2 色の三属性

・⑯＿＿＿＿＿＿＿＿：赤、青、緑などの“色あい”

・⑰＿＿＿＿＿＿＿＿：明るい、暗いなどの“明るさ”

・⑱＿＿＿＿＿＿＿＿：鮮やかな、くすんだなどの“鮮やかさ”

Memo

色の伝達、すなわち表色系について説明します。表色系とは、色の表し方のことで、色を体系的に表しています。この表色系には様々なものがあります。おもな表色系には、以下の三つの役割があると考えられます。

Memo

2.3 色の伝達（表色系）　**表色系の三つの役割**

(1)⑲____________________

色を数値や記号を使って正確に表す単位系の働き。

(2)⑳____________________

配色調和が得られるように色を選択するためのルールの働き。

(3)㉑____________________

色の名前を規定する辞書の働き。

すべての表色系が三つの働きをするわけではない。

表色系の中で有名なマンセル表色系について詳しく見てみましょう。マンセル表色系は、1905 年に、美術教師で画家でもあったアルバート・マンセルによって考案されました。一般にデザインの分野で多く用いられている表色系です。色の三属性によって物体色を表す典型的な表色系といえます。

Memo

マンセル表色系（マンセルカラーシステム）　★

- アメリカで開発された表色系
- ANSI（アメリカ規格協会）規格に採用
- JIS（日本産業規格）に採用

- ㉒__________（hue）
- ㉓__________（value）
- ㉔__________（chroma）

HV/Cの関係（マンセル記号）で表現

色相・明度・彩度が等間隔に感じられるよう均等に尺度化

マンセル表色系でどのように色を表記するのか、具体的な方法について説明します。色の三属性を下のスライドに書いてあるルールで、それぞれ数値と記号で表したものを、「色相 明度 / 彩度」の形で表記します。ただし、無彩色は「N 明度」と表記します。

マンセル表色系以外にも様々な表色系がありますので、皆さん調べてみてください。

マンセル表色系による色の表記

色相：1から10の数字と記号（赤はR、黄はYなど）

明度：0（完全暗黒）から10（完全純白）の数字

彩度：0（無彩色）から始まる数字

明度と彩度の数字の間は判別のために
/（スラッシュ）を入れる。

例：5R 4 / 14（鮮やかな赤）

7.5 GY 5 / 4（くすんだ緑）

Memo

色に関する知識の最後は、色の混合です。加法混色は色光の三原色（赤：R、緑：G、青：B)、減法混色は色料の三原色（シアン：C、マゼンダ：M、イエロー：Y）に対応します。それぞれの三原色を混ぜると様々な色を再現できます。加法混色では、色が混ざると明るさが増す(加算)、減法混色では色が混ざると明るさが減る（減算）という理由でそれぞれ名前がついています。

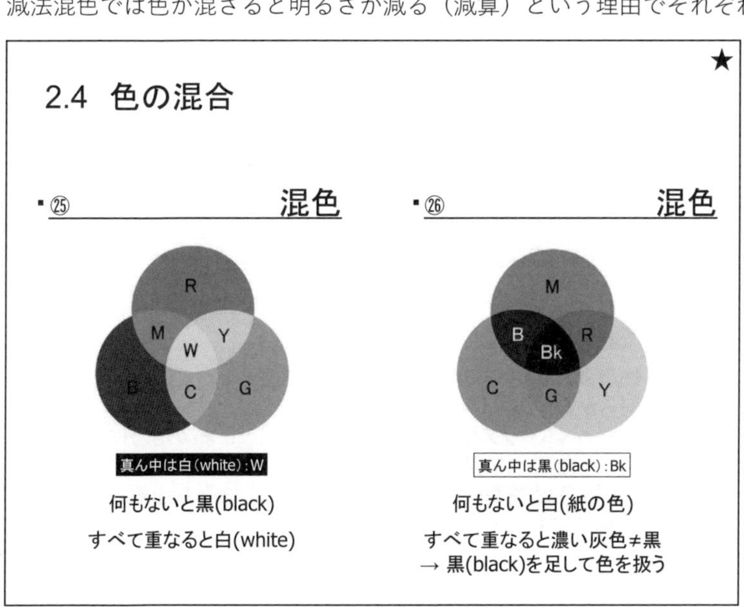

Memo

ここまでで、色に関する様々な知識を勉強してきました。ここからは、人間が色を知覚するときに生じる視覚効果と心理効果を見ていきます。まずは、視覚効果です。ある条件下で複数の色を同時に見ると、本来の色とは異なった色に感じてしまいます。本書では、用語の説明に留めますが、実際の作用についてはぜひ体験してみてください。

Memo

3. 色の視覚効果・心理効果

3.1 色の視覚効果

色の刺激は単独で受けることはまれ。つねに複数の色を集合として見ている。条件が異なると**同じ色に見えるはずの色が変化**。

・負の残像（陰性残像）

ある色をしばらく見続けるとその色の刺激が網膜に刻みつけられる。そこで、目を他の対象に移動させると**もとの色と反転した色が残像として残る**。

・縁辺対比

隣接する2色を網膜細胞が処理または評価する際、**2色間の差異がもとより強調**される。

・明度対比・色相対比・彩度対比

色の見え方は、その色が置かれている**背景の色、隣接する色によって変化**することがある。

これらの視覚効果は、人間が意図していないのに生じてしまいますので、製品の配色を行う際に注意が必要になってきます。ですが、これらの視覚効果を逆に利用している場合もあります。皆さんが生活の中で目にする製品の配色に使われているものもありますので、調べてみましょう。

Memo

・同化効果

対比効果と逆の現象で**色どうしが近似して見える**現象。

・色の面積効果

面積の大きなものほど明度・彩度も高く見える。

・主観色

物理的には色味のない対象**（白黒で描かれた図）に何らかの色味が見える現象の総称。**

ベンハムトップと呼ばれるパターンを、“こま”のように回すと主観色を見ることができる。

主観色の説明には諸説があり、現在までその仕組みは詳細にはわかっていません。

続いて、心理効果です。こちらは、色から想起されるイメージや、色が人間の心理に及ぼす影響についてです。下のスライドには、色から想起されるイメージ（連想）として、抽象的な連想と具体的な連想をまとめてあります。まったく同じデザインでも色が変わるだけでユーザに与える印象は大きく異なってきますね。

3.2 色の心理効果

色を見てそこから想起されるイメージ（連想）

	抽象的な連想	具体的な連想
赤	愛情、情熱、怒り、刺激、派手、暑い	リンゴ、ポスト、口紅、血、トマト
橙	元気、気合、朗らか、おしゃべり	みかん、太陽、カボチャ、マンゴー
黄	注意、まぶしさ、ひょうきん、明るさ	星、バナナ、菜の花、パイナップル
緑	エコ、癒し、自然、安心、おとなしさ	森、竹、お茶、植物、ピーマン
青	南国、落ち着き、知的、冷静、涼しげ	空、海、川、富士山、雨、スポーツ飲料
藍	控え目、和、クール、深い、孤独	夜空、浴衣、ジーンズ、制服、宇宙
紫	エロチック、神秘的、中性的、高貴	葡萄、パンジー、あじさい、なす
ピンク	恋、春、女の子、可愛い、やわらかい	桃、桜、コスモス、豚、フラミンゴ
白	冬、純粋、無垢、空白、神聖、無個性	ウエディングドレス、雲、牛乳、大根
黒	大人、恐怖、落胆、安定感、クール	髪、黒豆、喪服、裁判官、カラス、葬式

Memo

寒色、暖色が人間の心理に影響を及ぼすことについては、赤色（暖色）は青色（寒色）と比べて暖かさを感じやすいなどのように、皆さんすでに体験していることだと思います。時間感覚については、部屋の壁紙をイメージしてみてください。寒色と暖色では、どちらが時間を長く感じるでしょうか。

★

寒色・暖色の心理効果

・体感温度

寒色：寒く感じる。

暖色：暖かく感じる。

・時間感覚

寒色：㉗＿＿＿＿＿感じる。

暖色：㉘＿＿＿＿＿感じる。

・興奮・鎮静

寒色：㉙＿＿＿＿＿＿＿＿＿＿。

暖色：㉚＿＿＿＿＿＿＿＿＿＿。

Memo

最後に、色を考慮した設計について考えます。安全色彩（安全色）は、JIS に規定されています（JIS Z9103）。下のスライドの 8 色にはそれぞれ意味があり、災害防止や緊急事態への対応を迅速かつ正確に識別してもらう目的で使われています。日常生活の中で目に触れる多くの色には、このように安全に関わる意味をすでに含んでいることを理解しておきましょう。

Memo

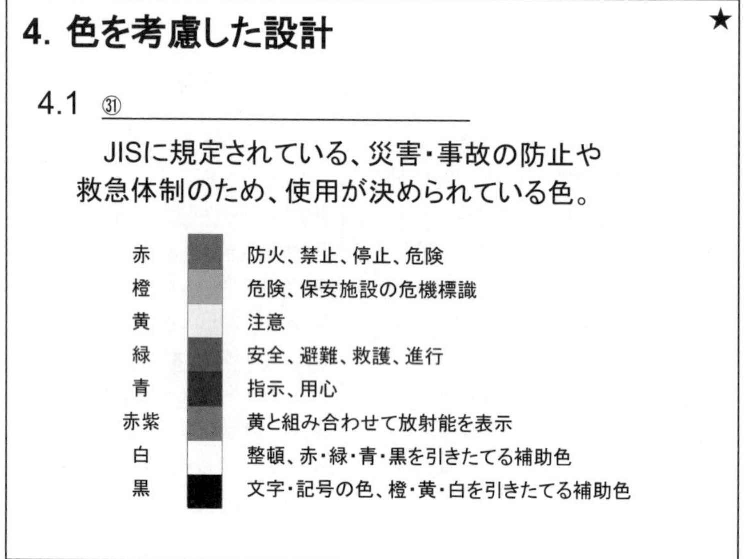

4. 色を考慮した設計
★
4.1 ㉛
JISに規定されている、災害・事故の防止や
救急体制のため、使用が決められている色。
赤 防火、禁止、停止、危険
橙 危険、保安施設の危機標識
黄 注意
緑 安全、避難、救護、進行
青 指示、用心
赤紫 黄と組み合わせて放射能を表示
白 整頓、赤・緑・青・黒を引きたてる補助色
黒 文字・記号の色、橙・黄・白を引きたてる補助色

2018 年に安全色彩は改正されて、ユニバーサルデザインカラーが採用されています。多様な色覚に配慮したユニバーサルデザインカラーは、カラーユニバーサルデザイン（CUD）という考え方に基づいています。

Memo

4.2 カラーユニーバーサルデザイン

カラーユニバーサルデザイン（CUD）とは？

（CUD: color universal design）

「人間の色覚の多様性に対応し、より多くの人に利用しやすい色づかいを行った製品や施設・建築物、環境、サービス、情報を提供する考え方をカラーユニバーサルデザイン（CUD）と呼びます。」

（カラーユニバーサルデザイン機構より）

カラーユニバーサルデザインには、三つの原則とプラス1の原則があります。皆さんが、プレゼンテーションのスライドを作成するときは、様々な色覚をもつ人々を意識して、カラーユニバーサルデザインの原則を利用してみてください。作成した資料を白黒で印刷するときにも有効です。

カラーユニーバーサルデザインの 3（＋1）原則

原則1：実際の照明条件や使用状況を想定して、
㉜＿＿＿＿＿＿＿＿＿＿＿＿＿＿＿＿＿＿
なるべく見分けやすい配色を選ぶ。

原則2：色だけでなく㉝＿＿＿＿＿＿＿＿＿＿＿＿＿＿
＿＿＿＿＿＿＿＿＿＿＿＿＿＿＿＿＿＿＿＿
などを併用し利用者が色を見分けられない場合にも確実に情報が伝わるようにする。

原則3：利用者が色名を使ってコミュニケーションすることが予想される場合、㉞＿＿＿＿＿＿＿＿＿＿＿＿＿＿する。

原則+1：そのうえで、目に優しく見て美しいデザインを追求。

Memo

それでは、本テーマの演習課題をやってみましょう。「色彩設計の効果の例」に挙げられているものは、色を使う際に何らかの工夫をすることによって得られる効果です。どのような色の使い方をすると、この効果が得られるでしょうか。

演習課題

次の「色彩設計の効果の例」ではどのような色の使い方が考えられるでしょうか。本テーマで学んだ用語を用いて記述してみましょう。また、その具体例を挙げてみてください（下から四つ選択）。

色彩設計の効果の例

1. 秩序を与える
2. 空間を見やすくする
3. 印象深いものにする
4. 個性をもたせる
5. 構成を明瞭にする
6. エリアを明示する
7. オリエンテーションを容易にする
8. 精神状態を調節する
9. 温度感を調節する
10. 仕事の能率を上げる
11. 素材の特徴を生かし、欠点を補う
12. 機能をわかりやすくする

Memo

テーマ 4 ヒューマンエラー

●本テーマで学ぶこと●

1. ヒューマンエラーとは

　まずは、ヒューマンエラーとは何か理解しましょう。ヒューマンエラーの定義、ヒューマンエラーに関連する用語、ヒューマンエラーの特徴についてまとめてあります。前半の演習課題では、ヒューマンエラーがいつでも起こり得ることを認識してもらうための簡単な実験を用意しました。

2. ヒューマンエラーの要因

　ヒューマンエラーの要因として、大きく三つの観点に分けています。設備・環境の要因、人間側の要因、マネジメントの要因の三つです。それぞれの内容を詳しく解説していきます。

3. ヒューマンエラーの抑止

　ヒューマンエラーはどのようにすれば抑止できるのでしょうか。ヒューマンエラーの三つの要因と対応させて、三つの観点での抑止方法についてまとめてあります。後半の演習課題では、ヒューマンエラー度のチェックと、ヒューマンエラーの要因を探る演習にチャレンジしてみてください。

「重大災害は氷山の一角」といわれています。まさにこのことを法則として示したのが、技師のハーバード・ウィリアム・ハインリッヒです。「1：29：300」という災害事象生起の階層構造性を示しています。いつ起こるかわからない災害を未然に防ぐためには、些細なミスや事故をしっかり認識し、その段階で対策を考え、実行していくことが重要になります。

ハインリッヒの法則　（技師 ハーバード・ウィリアム・ハインリッヒ（Herbert William Heinrich））

①＿＿＿＿＿＿＿＿＿＿としても知られている。

労働災害5,000件あまりを統計学的に調査。

重大災害を②＿＿とすると

軽傷の災害が③＿＿＿＿、

無傷の災害は④＿＿＿＿。

些細なミスや事故を見て見ぬふり・・・
それが300回起こると、大事故が発生してしまう
可能性があるということ 。

Memo

ヒューマンエラーとは何か、詳しく見ていきましょう。まずは定義です。ヒューマンエラーの定義はいまだ確立されていません。ここに示す定義は認定されたものではありませんが、一般的に容認されているものです。巻末の解答または解説 PPT を写してください。少し難しい言葉で表現されていますので、別の表現も参考にしてください。

1. ヒューマンエラーとは

1.1 ヒューマンエラーの定義

「**システムの目標に対して**

⑤＿＿＿＿＿＿＿＿＿＿＿＿＿＿＿＿」

別の表現では・・・

- 人間の過誤（ミス）のこと。人為ミスとも呼ばれる。
- 不本意な結果を生み出す行為や、不本意な結果を防ぐことに失敗すること。
- 安全工学や人間工学では、事故原因となる作業員やユーザの過失を指す。

Memo

さらに詳しくヒューマンエラーについて考えてみます。少し限定的にヒューマンエラーをとらえていますが、よりイメージが深まると思います。最近のニュースで見る事故や災害の中で、下のような条件に照らし合わせて当てはまるものはありますか。

Memo

ヒューマンエラーをより詳しく、さらに限定すると

- ⑥＿＿＿＿＿＿＿＿＿＿：なるべくしてなった事故。
- ⑦＿＿＿＿＿＿＿＿＿＿：倫理性は別問題扱い。
- ⑧＿＿＿＿＿＿＿＿＿＿：大きなミスに関心が向いている。

⬍

軽微なもの・実害のないもの：ヒヤリハット
（建築業・製造業風）
ニアミス
（航空業界風）

次に、ヒューマンエラーに関連する用語について説明します。空欄に記入するキーワードはすでに英語で書いてあります。カタカナで記入してください。slip、mistake、lapse は、それぞれ人間の行動、判断（計画）、記憶の観点で起こるエラーとして分類できます。最後の error は、三つの用語を包括的に表す言葉として用いられます。

Memo

1.2 ヒューマンエラーに関連する用語

⑨＿＿＿＿＿＿＿＿（slip）：うっかりミス、過ち
意図は正しい。行為が意図どおりでない、**実行段階**のエラー。

⑩＿＿＿＿＿＿＿＿（mistake）：誤り、間違い
意図が誤っている。行為は意図どおり。意図の**計画段階**のエラー。

⑪＿＿＿＿＿＿＿＿（lapse）：過失、記憶違い、失念
意図がない。行為を忘れる。行為に対する知識の不足。**記憶段階**のエラー。

⑫＿＿＿＿＿＿＿＿（error）
包括的な用語「slip ＋ mistake＋ lapse」。

ヒューマンエラーの特徴について詳しく見てみましょう。まずは、ヒューマンエラーの背景です。産業の発展により設備や環境が変化し、文明の発展により人間が変化してきたことで、ヒューマンエラーで生じる被害の規模が大きくなってきました。

1.3 ヒューマンエラーの特徴

(1) ヒューマンエラーの背景

1) 近代工業生産における機械設備の

⑬ ＿＿＿＿＿＿＿＿＿＿＿＿

2) 文明の発展による

肉体的な負荷の低減：⑭ ＿＿＿＿＿＿＿＿

生活リズムの変調：⑮ ＿＿＿＿＿＿＿＿

Memo

ヒューマンエラーの特徴の続きです。ヒューマンエラーは、どこでも起こり得る、被害が大きい、防ぎにくい・減らない、人間組織の問題の反映、といった観点からまとめてあります。これまでの事故や災害と照らし合わせて考えてみてください。

(2) どこでも起こり得る

1) 様々な場面・形態
2) 学界もそれぞれの分野に分裂気味

(3) ヒューマンエラーによる被害の観点

1) 被害者が多い
2) 被害額が大きい
3) 災害規模が大きい

(4) 防ぎにくい・減らない

1) ヒューマンエラーは減らない
2) 時代とともに減る災害もある

(5) 人間組織の問題の反映

1) ありあまる事故原因
2) 根本原因は、組織の不良

Memo

それでは、前半の演習課題をやってみましょう。簡単なヒューマンエラーに関する実験です。ウェイソンの４枚カード問題として有名なものです。問題に書かれている規則に基づいて、どのカードをめくりますか。めくると思うカードに印をつけてください。

Memo

演習課題（前半）：人間の知能の特徴（1）

4	7	E	K

- ４枚のカードが、机の上に置かれている。
- **「母音の文字が書かれているなら、裏面に偶数の数字が書かれている」**という規則がある。
- 規則が守られているかを調べたい。

どのカードをめくればよいか？

ウェイソンの「4枚カード問題」

次もよく似た問題ですが考えてみてください。同じように、問題に書かれている規則に基づいてどの人を調べますか。調べる人のカードに印をつけてください。

答えは、巻末の解答または解説 PPT を参照してください。

Memo

演習課題（前半）：人間の知能の特徴（2）

素面シラフ	酔っている	15歳	33歳

- **「未成年はお酒を飲んではいけない」**という規則がある。
- 規則が守られているかを調べたい。

どの人を調べればよいか？

ウェイソンの「4枚カード問題」

演習課題の解説です。二つの問題の論理構造は同じなのですが、1 問目の正答率は数 %、2 問目の正答率は 100 %近くになります。人間が「わかる」という段階には要素的理解段階と説明的理解段階があります。問題に対する具体的なイメージをもっていない、すなわち要素的理解段階では、ヒューマンエラーにつながる可能性が高まります。

要素的理解と説明的理解

「わかる」の2段階

(1)⑯＿＿＿＿＿＿＿＿＿＿＿＿＿＿
- 要素個々の意味はわかる
  「母音」「偶数」「AならばB」
- ものすごく愚かになれる
  推論間違いの自覚がない

(2)⑰＿＿＿＿＿＿＿＿＿＿＿＿＿＿
- イメージがわく
  要素の関係、出題の意図を推測・説明
- かなり正しく推論できる

Memo

ここからは、ヒューマンエラーをさらに詳しく見ていきましょう。まずは、ヒューマンエラーの要因です。ここでは三つの観点でヒューマンエラーの要因をまとめてありますが、安全工学の分野では 4M（machine, media, man, management）としても考えられています。ヒューマンエラーだからといって、人間のことだけを考えれば良いというわけではありません。

2. ヒューマンエラーの要因

2.1 ⑱＿＿＿＿＿＿＿＿＿＿＿＿の要因
人間を間違えさせる罠（環境条件・機器設計）。

2.2 ⑲＿＿＿＿＿＿＿＿＿＿＿＿の要因
人間は間違えにくい（のだが・・・）。
適切なイメージをもてば判断は正しい。
間違いに気づかせれば大丈夫。

2.3 ⑳＿＿＿＿＿＿＿＿＿＿＿＿の要因
管理すべきところをしていない。組織側の要因。

Memo

まずは、設備・環境の要因です。五つの要因としてまとめてあります。設備（機械や道具など）はそれ自体が危険要因をもっています。また、環境も危険要因を含む状況になることがあります。これらに人間が不用意に接近すると災害事故につながる可能性があります。

Memo

2.1 設備・環境の要因

(1) ㉑＿＿＿＿＿＿＿＿＿＿の問題：
HIがわかりにくい、使いにくい。

(2) ㉒＿＿＿＿＿＿＿＿：高電圧、高圧ガス、毒物、重量物など。

(3) ㉓＿＿＿＿＿＿＿＿：身体的、精神的な作業負荷。

(4) ㉔＿＿＿＿＿＿＿＿：騒音、温度、熱、湿度、照明など。

(5) ㉕＿＿＿＿＿＿＿＿：チーム形成、上下関係、指揮系統、職場の雰囲気。

続いて、人間側の要因では、九つの要因があります。それぞれの要因を見ていきましょう。人間は間違いを犯す存在です。このことは、人間がもつ生理学的かつ心理学的な特性に原因があるといわれています。

Memo

2.2 人間側の要因

(1) ㉖＿＿＿＿＿＿＿＿・慣れ：
「ついうっかり」といった動作やその集団特有の悪習慣から発生。

(2) ㉗＿＿＿＿＿＿＿＿＿＿：
動作・行動の簡素化によるエラー。

(3) ㉘＿＿＿＿＿＿＿＿：
生半可にしか知らなかったことなどによるエラー。

(4) 単調反復動作による㉙＿＿＿＿＿＿＿＿：
単調な動作の繰返しによる意識レベルの低下に基づくエラー。

人間側の要因の続きです。間違えない人間はいないので、ヒューマンエラーが起きることはある意味必然ともいえます。ですがまずは、ヒューマンエラーが起こる要因を明らかにして、抑止するための対策を講じることが重要になります。

(5)㉚＿＿＿＿＿＿＿:
見間違いや聞き間違い（外的要因）と思い込み（内的要因）。

(6) 中高年齢者の㉛＿＿＿＿＿＿＿:
40歳頃から自覚しないまま忍び寄る機能低下で生じるエラー。

(7)㉜＿＿＿＿＿＿＿:
一点に集中して周囲の状況が見えなくなることによる動作・行動のエラー。

(8) 緊急時のあわて・㉝＿＿＿＿＿＿＿:
非常な驚き、驚がく反応における動作、行動のエラー。

(9) 疾病・疲労・㉞＿＿＿＿＿＿＿:
急性中毒など平常時と異なる肉体的条件、および生まれつきの体質によるもの。

Memo

最後にマネジメントの要因です。四つの要因があります。これらは、言い換えると組織側の要因です。管理すべきところをしない状況であり、それはヒューマンエラー発生の触媒のような働きをします。以上の様々な要因が複雑に影響し合って、ヒューマンエラーが発生する状況が生まれてくるのです。

2.3 マネジメントの要因

(1)㉟＿＿＿＿＿＿＿＿＿＿の問題:
夜勤、超過勤務、長時間の連続運転など。

(2)㊱＿＿＿＿＿＿＿＿＿＿の問題:
チェックリスト・マニュアルがない。

(3)㊲＿＿＿＿＿＿＿＿＿＿の不足:
能力開発、しつけ教育などの体制がない。

(4)㊳＿＿＿＿＿＿＿＿＿＿の不備:
社内基準・規制、就業規則、昇給・報奨制度がない。

Memo

ここまで、ヒューマンエラーの要因について見てきました。ここからは、それぞれの要因をどのように抑止するかということについてです。まずは、設備・環境の観点での抑止です。先ほど述べたように、人間は間違いを犯す存在です。人間側が誤ったことをしても、設備側が安全となるように工夫することが重要です。HI の設計も重要になります。

Memo

3. ヒューマンエラーの抑止

3.1 設備・環境の観点でのヒューマンエラー抑止

（1）災害に対処する（安全装置）

- ・危険要因の除去
- ・フールプルーフ：誤った使い方をしても事故に至らない設計
- ・フェイルセーフ：故障が発生したときにつねに安全側に
その機能が作用する設計

（2）人的要因に合わせる（運動・感覚・認知）

- ・やりやすくする、わかりやすくする

（3）人間をガイドする（ヒューマンインタフェース）

- ・事故を回避する

人的な観点での抑止について見ていきましょう。全部で 12 の抑止方法を挙げています。すべて覚える必要はありませんが、人的な観点での抑止方法については、たくさんあることを念頭に置いて、状況に応じて適切な抑止方法を検討することが重要です。

Memo

3.2 人的な観点でのヒューマンエラー抑止

（1）強制覚醒
起きていないと止まる仕組み。

（2）小事故誘導
大事故の前に、異変や小被害が出る仕組み。

（3）興味で起こす
作業に楽しさを。

（4）ストレスの排除
イライラの原因をなくす。

（5）達成感の保留
気を抜かせない（ATMで現金の取出しが最後）。

（6）知覚チャンネル変え
声を出し、手足を動かそう。

人的な観点での抑止の続きです。これらの抑止方法を見てみると、様々な作業プロセスに客観的なチェックポイントを設置することでエラーの発生を防ぐ、またそれを検知することを目的としていることがわかります。

(7) “なぞらえ”でわかりやすく
概念を物に。鉄道のタブレット。

(8) 二人作業班
たがいにチェック。復唱。

(9) 監視して緊張感を与える
防犯カメラ、ネズミ捕り。

(10) 道義心に訴える
仕事とは、作業ではなく、社会的生活の一部。

(11) その作業、そもそもやらない
難しい作業はやめよう。

(12) 忍耐・精神鍛錬・超人育成・高給
効果があるか。どうにもならなかったとき。

Memo

最後は、マネジメントの観点での抑止です。先の四つのマネジメントの要因に、対応した抑止方法となっています。人的な観点での抑止方法をしっかり取り入れたとしても、原則・ルールを順守し、実行しなければ意味がありません。ヒューマンエラーの発生は完全に防ぐことができません。「いかに少なくするか」という考え方が重要だといえます。

3.3 マネジメントの観点でのヒューマンエラーの抑止

(1) 勤務体系の整備

(2) 作業の整備・ルール化

(3) 教育・訓練によるモラールの向上

(4) 昇給・報奨によるモチベーションの向上

四つのマネジメントの要因に対応した四つの抑止方法

Memo

後半の演習課題として、ヒューマンエラー度のチェックをしてみましょう。実際には、何か作業を実施する前にこのチェックリストを利用しますが、学生の皆さんは、これからアルバイトが始まる、これから車やバイクを運転する、といった場面を想定してやってみましょう。この次のチェックリストのチェックポイントを読んで、Yes または No に丸をつけてください。

Memo

演習課題（後半）（1）

ヒューマンエラー度チェックの
18のチェックポイントについて
Yes・No形式で回答してみましょう。

今回の演習課題では、自身がこれからアルバイトを
始める、これから車やバイクの運転などをする、
といった場面を想像しながらチェックしてみてください。

すべてのチェックが終わったら、Yes の数をカウントしましょう。Yes の数によって事故に遭う確率を以下に示します。皆さんのいまの状況はどうでしょうか。

— Yes が 5 個未満（事故に遭う確率 20 %）、Yes が 5 個以上 10 個未満（事故に遭う確率 40 %）、Yes が 10 個以上 15 個未満（事故に遭う確率 60 %）、Yes が 15 個以上（事故に遭う確率 80 %）

Memo

あなたの事故に遭う確率は？！

ヒューマンエラー度チェック

YESの数をかぞえて下さい。

	チ　ェ　ッ　ク　ポ　イ　ン　ト	YES・NO
1	この現場に来てから、まだ7日以内である。	Yes・No
2	この職種について経験年数は、まだ1年未満である。	Yes・No
3	自分の年齢は、60歳以上である。	Yes・No
4	昨日の睡眠時間は、6時間未満である。	Yes・No
5	飲み過ぎや食べ過ぎで本日は、体調がすぐれない。	Yes・No
6	最近、疲れがなかなか取れない。	Yes・No
7	緊張して手に汗をにぎったり、鼓動が早くなったりすることがある。	Yes・No
8	身の回りの事で、心配ごとがある。	Yes・No
9	仕事中に、他のことを考えることがよくある。	Yes・No
10	今日の朝礼での注意事項について、内容をあまり覚えていない。	Yes・No
11	朝のラジオ体操を、一生懸命やらなかった。	Yes・No
12	体力、運動神経には自信があるので自分は事故を起こさないと思う。	Yes・No
13	仕事の速さでは、人に負けたくない。	Yes・No
14	いつもやっているから、ケガをすることはない。	Yes・No
15	危険な場所であっても、みんなが通っていれば通る。	Yes・No
16	移動する時に、ついつい近道を通る。	Yes・No
17	不安全行動を見ても、注意しない。	Yes・No
18	仕事に集中すると、まわりが見えなくなる。	Yes・No

（提供：建設労務安全研究会）

後半の演習課題として、もう一つやってみましょう。1977年にスペイン領カナリア諸島のテネリフェ島にある空港の滑走路上で、2機のボーイング747（ジャンボ機）どうしが衝突し、両機の乗客乗員644人のうち583人が死亡した事故について考えてみます。この事故の詳細については、Webで調べてみてください。

演習課題（後半）（2）

テネリフェ島の空港でのジャンボ機衝突事故が起こるまでの様々な要因は、ヒューマンエラーの要因のどれに当てはまるでしょうか？

衝突事故が起こるまでの過程の要約は次のスライドにあります。

Memo

下のスライドに、テネリフェ島の空港でジャンボ機の衝突事故が起こるまでの過程を要約してあります。本テーマで学んだヒューマンエラーの要因のどれに当てはまるか考えてみてください。1人で適切なヒューマンエラー抑止の方法を考えるのは難しいかもしれません。何人かのグループで議論してみるのも良いでしょう。

テネリフェ島の空港でのジャンボ機衝突事故

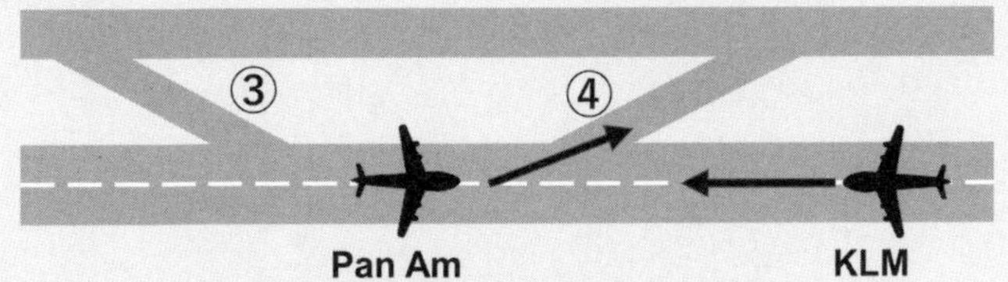

1）近くの空港がゲリラの爆発事件で閉鎖し、多くの飛行機がテネリフェ空港に集中。
2）パイロットは3時間あまり空港で待機していた。
3）濃霧で視界は300mしかない。
4）駐機場がいっぱいで滑走路を逆走。
5）管制官の指示どおり③に入らずPan Am機は④に。
6）KLM機が離陸許可が出たと勘違い。
7）通信状態が悪かった（混信）。

Memo

第 2 部

HCI の基礎知識

テーマ5 ハードウェア

●本テーマで学ぶこと●

本テーマから、第２部の「HCI の基礎知識」に入ります。HCI をハードウェア、ソフトウェア、認知構造、設計原則の観点から見ていきます。まずはハードウェアについて詳しく見ていきましょう。

1. 入力装置（input device）

   ここでは、代表的な入力装置の種類、特徴、仕組みを解説します。すでに皆さんがよく知っている、キーボード、マウス、トラックボール、ペンタブレット、タッチパネルなどを取り上げます。どのような原理で、情報をコンピュータ（システム）に入力しているのか理解していきましょう。

2. 出力装置（output device）

   コンピュータ（システム）から人間の五感に訴える代表的な出力装置について解説します。本テーマでは、視覚情報、聴覚情報、触覚情報、嗅覚情報の四つの出力装置を紹介します。

人間と機械（コンピュータ）のインタフェースには、ハードウェア的側面とソフトウェア的側面があります。本テーマでは、ハードウェア的側面からアプローチします。また、ユーザインタフェース（UI）とヒューマンインタフェース（HI）は、どちらも人間を主体として考えた言い方で、ほぼ同じ意味として用います。

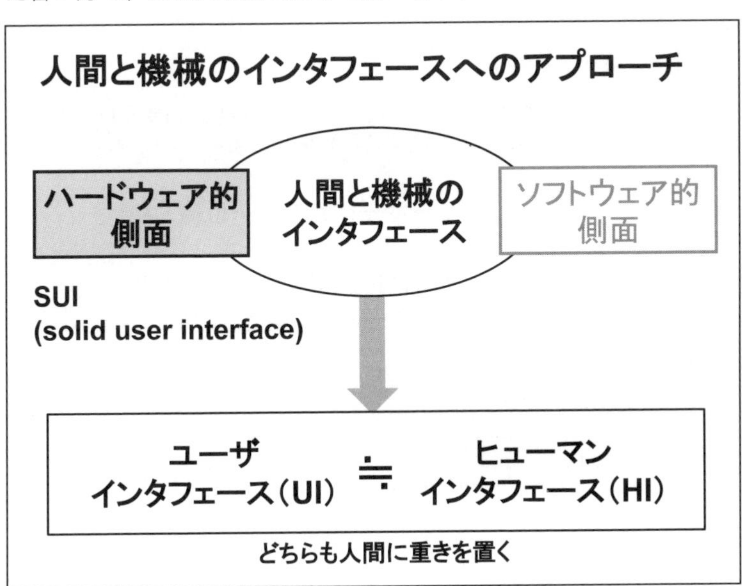

Memo

ハードウェアは、人間側からシステムに対して情報を入力する入力装置と、システム側から人間に対して情報を出力する出力装置に大別できます。前半は入力装置を見ていきましょう。ここでは、キーボード、マウス、トラックボール、ペンタブレット、タッチパネルなどを取り上げます。

1. 入力装置（input device）

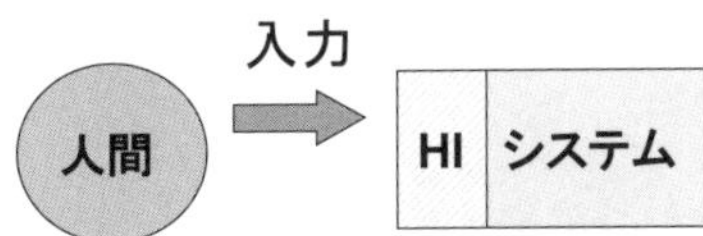

コンピュータをはじめとするシステムに対し、

①＿＿＿＿＿＿＿＿＿＿＿＿＿＿＿＿＿＿＿＿。

人間がシステムに対して指令を与えて適切な情報処理をさせる。

Memo

はじめは、キーボードです。キーボードのキー配列については、物理的配列と、論理配列の二つの観点があります。物理的配列の観点では、IBM の 101 キーボード系が有名です。また、論理配列については、各国で異なる論理配列が用いられていますが、QWERTY（クワーティ）配列はデファクトスタンダード（事実上の標準）になっています。

Memo

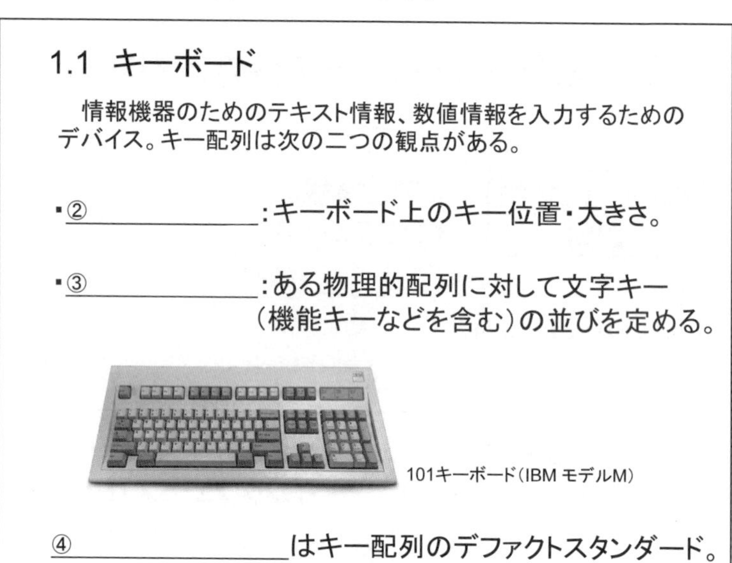

1.1 キーボード
情報機器のためのテキスト情報、数値情報を入力するためのデバイス。キー配列は次の二つの観点がある。
・② ＿＿＿＿＿＿：キーボード上のキー位置・大きさ。
・③ ＿＿＿＿＿＿：ある物理的配列に対して文字キー（機能キーなどを含む）の並びを定める。
101キーボード（IBM モデルM）
④ ＿＿＿＿＿＿はキー配列のデファクトスタンダード。

エルゴノミックデザインとは、人間工学（エルゴノミクス）に基づき、人間がより自然に・無理なく・効率的に扱えるよう最適化された設計・意匠・デザインのことです。エルゴノミックデザインのキーボードは、自然な姿勢でタイピングでき、疲れにくいといわれています。キーボードが左右に分離していたり、全体の形が湾曲していたりするのが特徴です。

Memo

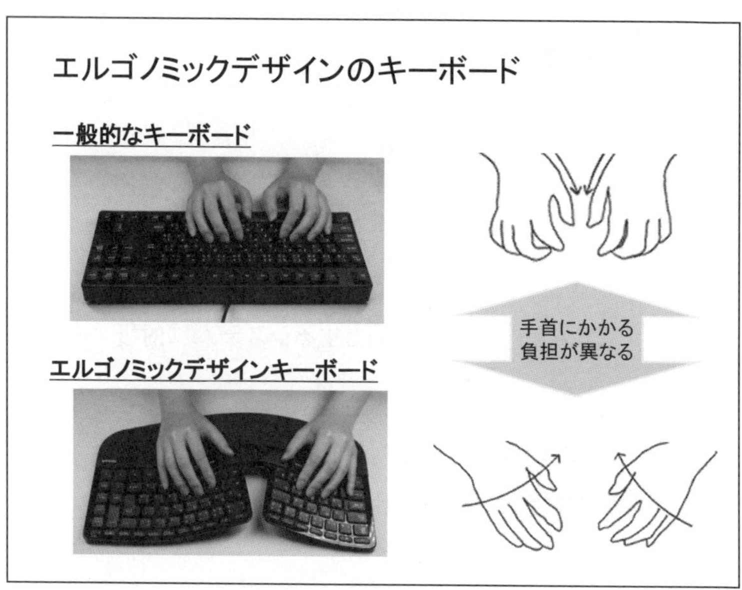

次はマウスについてです。マウスの方式は、現在ほとんどのものが光学式のマウスです。少し古いタイプとして、機械式のマウスがあります。光学式マウスと機械式マウスでは、どのような原理で画面上に表示されるポインタを操っているのでしょうか。それぞれの特徴を理解しておきましょう。

1.2　マウス

マウスの方式

機械式マウス

底面のボールが転がり、ボールに接するローラが横方向と縦方向を別々に測定する。摩擦やほこりに弱い。

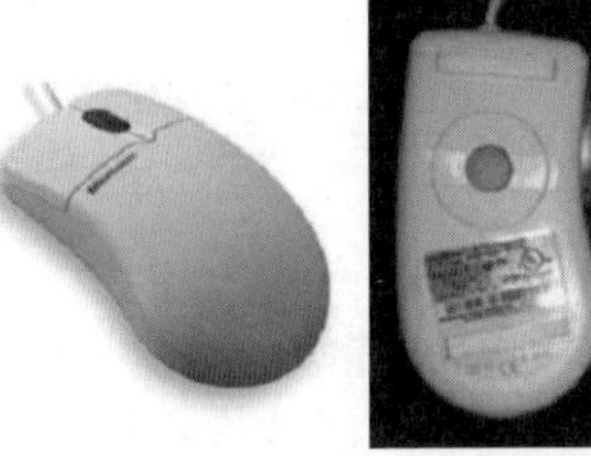

光学式マウス

LEDと光センサで、下敷きに反射する光の変化から移動量を計測する。赤外線LED、レーザー、青色LEDなど。

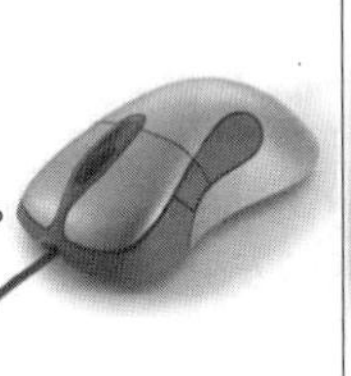

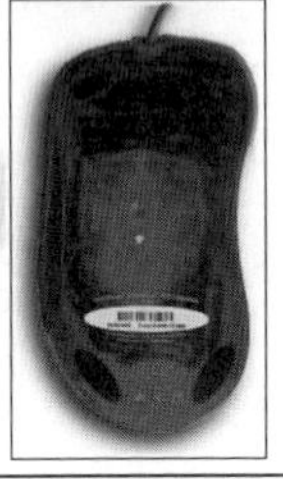

Memo

マウスにもエルゴノミックデザインのものがあります。通常のマウスと比べて、写真のように中央が盛り上がり、大きく傾いているのが特徴です。この形状によって、自然な角度でマウスを握ることができ、手首への負担が軽減され、正しい姿勢をキープできるといったメリットがあります。ヘビーユーザにとっては、腱鞘炎を防止する効果もあるとされています。

エルゴノミックデザインのマウス

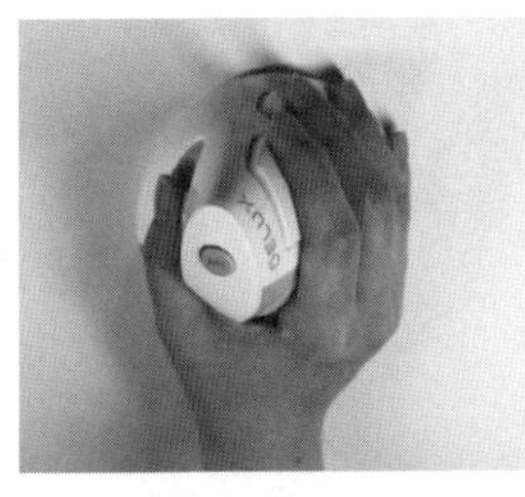

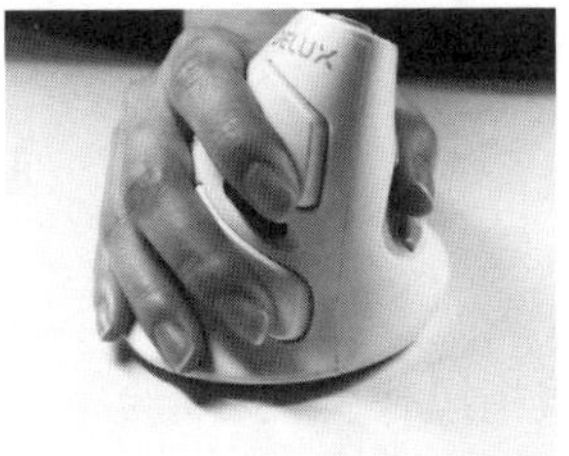

中央が盛り上がっていて、写真左にかけて大きく傾いている 。

前腕のねじれを回避、右手首の負担が軽い。

Memo

次はトラックボールです。ちょうど機械式マウスを裏返したような構造になります。トラックボール本体を移動させる必要がないため、マウスに比べて利用スペースが小さくて済むというメリットがあります。下の写真のように、人差し指や親指を使ったものが主流です。

Memo

1.3 トラックボール

上面についている球体（ボール）を手で回転させて、読み取らせた回転方向や速さに応じてカーソル（ポインタ）などを操作。

人差し指操作タイプ

デバイス上面のボールを人差し指や中指の先で転がす。

親指操作タイプ

デバイスを右手でもったときに、デバイスの左側面のボールを親指で転がす。

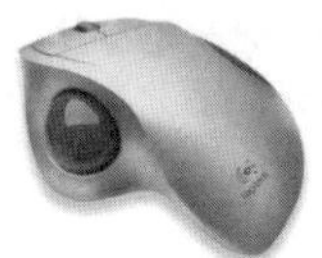

トラックボールには、いろいろなタイプ、形のものがあります。最近は見なくなりましたが、ノート PC の入力装置として、トラックボールが組み込まれたものもありました。トラックボールにも、エルゴノミックデザインの製品があります。人間工学と HI が密接な関係にあることがうかがえますね。

Memo

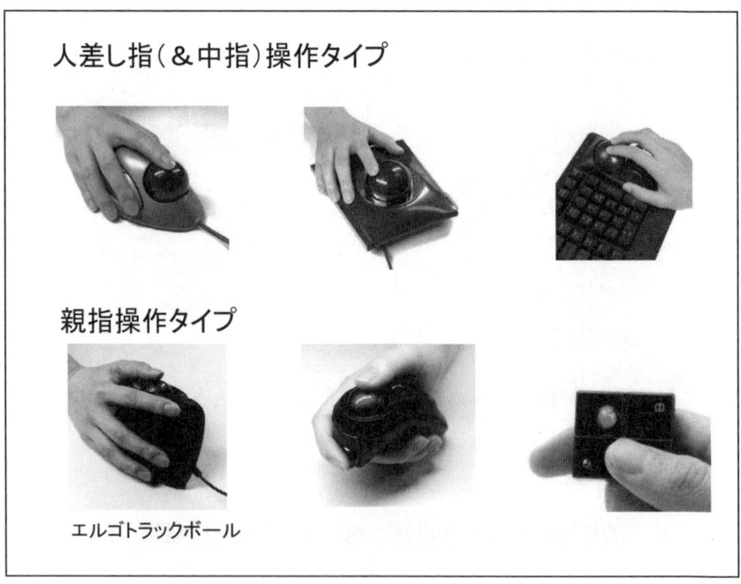

ペンタブレットは、PCでイラスト製作や画像編集作業をする際に欠かせないデバイスです。電子ペンの筆圧や傾きを検知してグラフィックスに反映できるので、紙に絵を描くような感覚でディスプレイに描画できます。液晶ペンタブレットと板型ペンタブレットに分けられ、それぞれメリットとデメリットがありますので、きちんと理解しておきましょう。

1.4 ペンタブレット

専用の電子ペンの位置を、本体である板状のタブレットに内蔵されたセンサにより読み取り、PC本体にその位置や動きの情報を送る装置。ペンタブレットの読取り面とモニタ画面は1:1で対応。おもに次の二つのタイプがある。

⑤__________ペンタブレット（液タブ）

⑥__________ペンタブレット（板タブ）

	メリット	デメリット
液タブ	アナログに近い感覚で描画可能	•板タブに比べて価格が高い •ディスプレイの扱いに注意が必要 •本体に厚みがある
板タブ	•液タブに比べて価格が安い •液タブよりも壊れにくい •本体が薄い	描画するのに慣れが必要

Memo

下のスライドは、液晶ペンタブレットと板型ペンタブレットの利用時の写真です。先のメリット・デメリットでも挙げましたが、板型ペンタブレットには液晶画面が搭載されていないので慣れが必要です。初心者には、画面の絵に直接描くことができる液晶ペンタブレットがおすすめでしょう。

液晶ペンタブレット（液タブ）

板型ペンタブレット（板タブ）

（提供：株式会社ワコム）

Memo

続いて、皆さんがよく使っているタッチパネルです。タッチパネルにはいくつかの方式があります。ここでは、代表的なものとして、抵抗膜方式、静電容量方式、光学方式の三つを解説します。この他にも、超音波方式、画像認識方式などがあります。それぞれの特徴や仕組みを理解しておきましょう。

Memo

1.5 タッチパネル

タッチパネルの方式の違い

⑦＿＿＿＿＿＿方式：指やペンなどで押した画面の位置を電圧変化の測定によって検知する。指だけでなく、手袋をしたままの状態やペンで入力可能。
【初期のカーナビ、ゲーム機】

⑧＿＿＿＿＿＿方式：画面に指で触れると発生する微弱な電流、つまり静電容量（電荷）の変化をセンサーで感知し、タッチした位置を把握。表面型と投影型の2種類がある。
【スマートフォン、PDA、カーナビ、ゲーム機】

⑨＿＿＿＿＿＿方式：外枠に赤外線LEDやセンサを配置する。赤外線が指で遮光され、それにより位置を求める。
【ATM、券売機、デジタルサイネージ】

最後に、マイク、カメラ、センサなどを使った情報入力についてまとめます。マイクを使った音声入力、カメラを使った視線入力やジェスチャ入力などがあります。その他、特殊なデバイス（センサ）を使った情報入力もあります。皆さん自身で、これらのキーワードをもとに、最新の装置を調査してみてください。

Memo

1.6 マイク・カメラ・センサなどによる入力

・音声入力：マイクロフォン

・視線入力：CCDカメラ

・ジェスチャ入力：Kinect（Microsoft社）

・ジェスチャ入力：Leap Motion（Ultraleap社）

・ジェスチャ入力：モーションキャプチャシステム

それでは、後半は出力装置について見ていきましょう。出力装置はシステム側から、人間に認識できる形でデータを外部に、物理的に提示する装置のことです。本書では、基礎的な内容をまとめてあります。

2. 出力装置（output device）

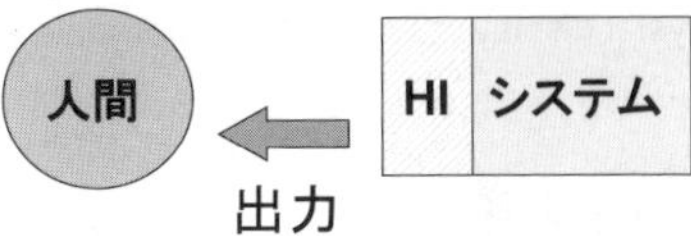

コンピュータをはじめとするシステムや、
実行中のプログラムから、人間に認識できる形で

⑩ ＿＿＿＿＿＿＿＿＿＿＿＿＿＿＿＿＿＿＿＿。

Memo

コンピュータ（システム）から人間に情報を提示する装置は、様々なものがありますが、それらは人間の五感に訴えるという観点から、五感に基づいた分類が可能です。視覚と聴覚に訴える出力装置は、すでに多くの製品が販売されています。その他は、研究段階のものもありますが、一部は製品として販売されています。ここでは味覚以外の出力装置を紹介します。

人間の五感で分けた出力装置の現状

(1) 視覚 … 様々な製品が販売。
(2) 聴覚 … 様々な製品が販売。
(3) 触覚 … VR分野での研究。製品も販売。
(4) 味覚 … 研究段階。
(5) 嗅覚 … 研究段階。一部が研究用途として販売。

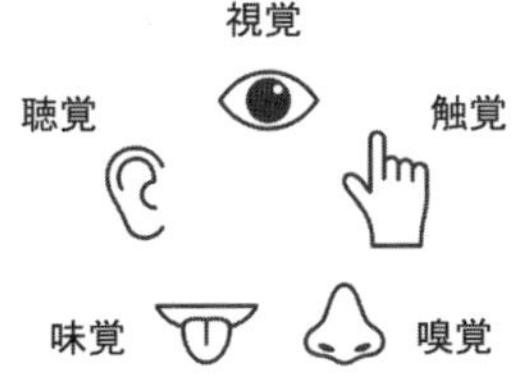

Memo

まずは、視覚情報の出力装置です。ラップトップ PC やノート PC 用のディスプレイとして最も多く使われているのが液晶ディスプレイです。通常の液晶ディスプレイに比べて、高額ではありますが、高応答速度、低消費電力、高輝度、高視認性といった特徴をもつ、有機 EL ディスプレイもあります。

Memo

2.1　視覚情報の出力装置
⑪＿＿＿＿＿＿＿ディスプレイ
（LCD: liquid crystal display）
⑫＿＿＿＿＿＿＿ディスプレイ
（OLED: organic light-emitting diode）
現在主流のディスプレイ
・高応答速度
・低消費電力
・高輝度・高視認性

ヘッドマウントディスプレイというと、VR（バーチャルリアリティ）が連想されます。2016 年は様々なメディアで「VR 元年」と表現されるほど、一般消費者向け VR デバイスが相次いで発売されました。これにより、いままではあまり VR が身近でなかった一般ユーザでも、簡単に VR を体験できるようになりました。HMD には様々なタイプがあります。

Memo

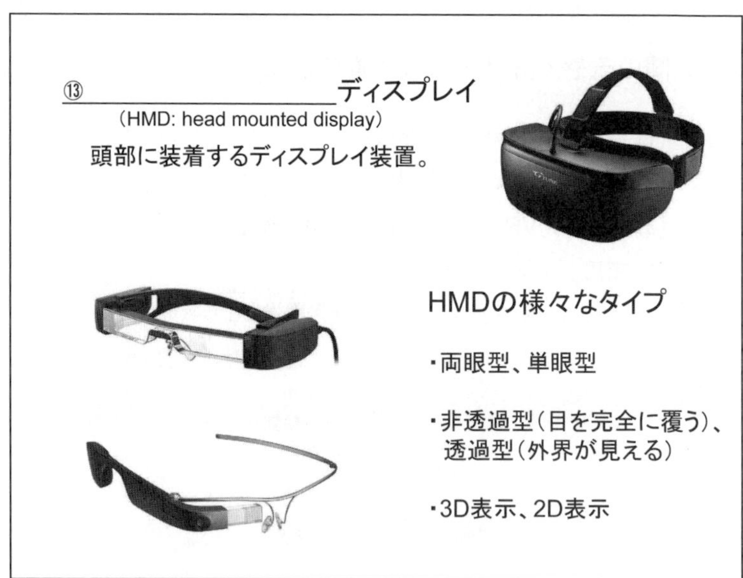

⑬＿＿＿＿＿＿＿＿＿ディスプレイ
（HMD: head mounted display）
頭部に装着するディスプレイ装置。
HMDの様々なタイプ
・両眼型、単眼型
・非透過型（目を完全に覆う）、透過型（外界が見える）
・3D表示、2D表示

聴覚情報の出力装置は、スピーカが主になります。一般にスピーカは据え置き型のもので、複数のユーザに同時に音を提示します。用途に応じてですが、聞かせたい方向だけ（または人だけ）に音を出す超指向性スピーカもあります。ヘッドフォンやイヤフォンでは、外部の雑音をカットするアクティブノイズキャンセリング機能を備えたタイプもあります。

2.2　聴覚情報の出力装置

電気信号になっている音響信号を、空気振動に変換する装置。

多チャンネルスピーカ

ヘッドフォン

PC用スピーカ

イヤフォン

様々な障がいをもつユーザや、
目も手も離せない状況（運転中）のユーザ
にとって重要な出力装置。

Memo

次は、触覚（力覚）情報の出力装置です。この出力装置では、ハプティクス（haptics）技術が用いられています。視覚情報や聴覚情報の受容が困難なユーザにとっては、とても有用な出力装置となります。最近では、VRの分野において仮想空間での体験をよりリアルなものにするために、ハプティクス技術に関する様々な研究が行われています。

2.3　触覚（力覚）情報の出力装置

⑭＿＿＿＿＿＿＿＿＿＿＿＿＿＿技術

ユーザに力や振動などによる体性感覚への刺激を与えることで、触覚を再現するテクノロジー。

（ブレイルメモスマート Air32（ケージーエス株式会社））

触覚呈示装置

点字ディスプレイ。ピンが上下に動いて点字を表示。PCと接続すると、文字情報の点字表示をし、メールやインターネットが利用できる。

（Phantom Omni（SensAble Technology社））

力覚呈示装置

グリップしているペン部分で仮想物体に触れているように感じることができる。

Memo

最後に、嗅覚情報の出力装置です。この装置は、様々な香り（要素臭）を混ぜ合わせて、目的の香りを発生させることができ、研究用途として販売されています。イベントでのデモンストレーション、映画やゲームなどのアミューズメント分野での利用、VR と組み合わせた研究など、様々な応用や展開が期待されます。

Memo

2.4　嗅覚情報の出力装置

十数種類の香りのもと（要素臭）を任意の比率で混ぜ合わせて調合し、すぐに香りを発生させることが可能。さらに、香りの強さや質を時間的に変化させることも可能。

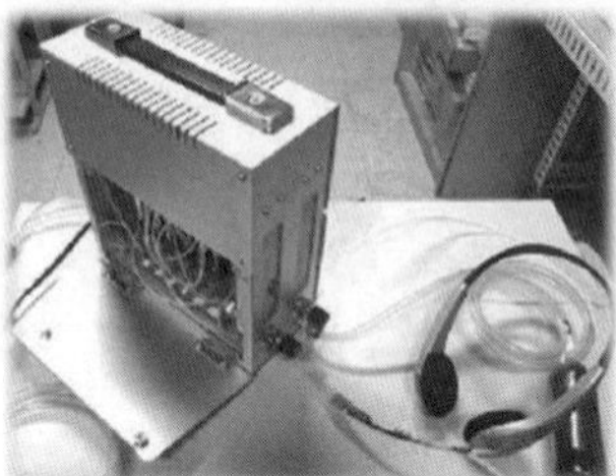

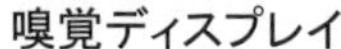

嗅覚ディスプレイ

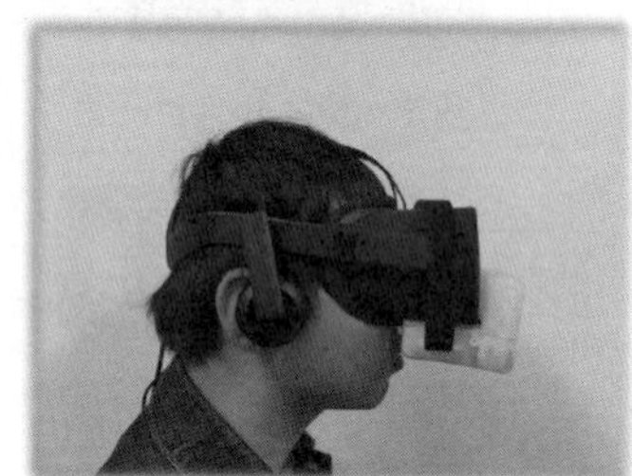

ウェアラブル型の嗅覚ディスプレイ

（提供：東京工業大学　中本高道 教授）

それでは、演習課題をやってみましょう。皆さんが普段よく使っているスマートフォンの入出力装置を考えてみましょう。それぞれの名称と入出力される情報についてまとめてみてください。そのときに、図や写真を用いて説明してみましょう。最新の機種について調査してみるのも良いでしょう。

Memo

演習課題

スマートフォンの入力装置、および、出力装置は何でしょうか。

入出力装置の名称と、入出力される情報をまとめてください。

説明するうえで、図を用いてください。

テーマ6 ソフトウェア

●本テーマで学ぶこと●

1. CUIとGUI

　人間と機械のインタフェースをソフトウェア的側面からとらえて、まずはCUI（character user interface）とGUI（graphical user interface）について説明します。また、それぞれの特徴を比較します。

2. GUI設計におけるタスク指向とオブジェクト指向

　GUI設計のためのデザインプロセスの中に、情報の構造化があります。さらに、情報の構造化において、タスク指向とオブジェクト指向という考え方があります。タスク指向とオブジェクト指向のユーザインタフェース（UI）について、具体的な例を挙げながら詳しく見ていきます。モーダルとモードレスについても簡単に触れます。

人間と機械（コンピュータ）のインタフェースの二つの側面のうち、本テーマではソフトウェア的側面に関する内容に絞って説明をしていきます。また、UI と HI はほぼ同じ意味であると述べましたが、本テーマでは UI を用いています。

Memo

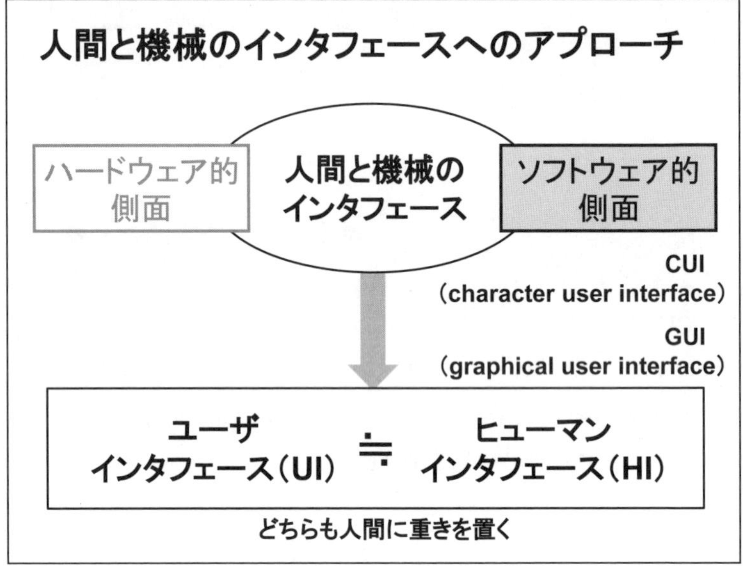

まずは、ソフトウェア的側面から CUI と GUI について見てみましょう。CUI は character user interface の略で、キーボードからのコマンド入力によって操作するインタフェースのことです。CUI では、コンピュータの入力待ちの状態で画面にプロンプトが表示され、ユーザはプロンプトの後に実行したいコマンドを入力します。

Memo

1. CUIとGUI

1.1　CUIとは

CUI（character user interface）とは、ディスプレイに文字や数字が表示され、キーボードからの

①＿＿＿＿＿＿＿＿＿＿＿＿＿＿＿＿するインタフェース。

・コマンド（命令文）さえ覚えていれば簡単に操作できる。技術者でない人には操作が難しい。
・リソース（メモリやストレージなど）はそれほど必要ない。
・複雑な処理も操作できる。

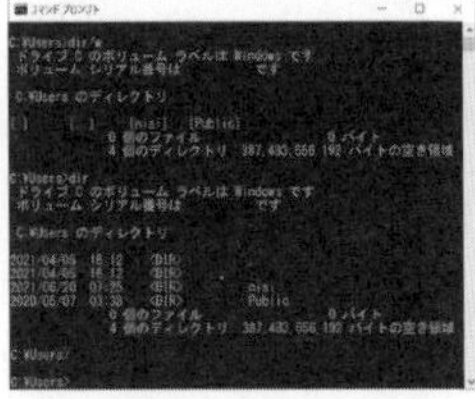

続いて、GUIです。GUIは、graphical user interfaceの略で、グラフィカルなボタンやアイコンをポインティングデバイス（例えばマウス）で操作するインタフェースです。私たちが机の上に本やノート、写真などを置くように、アイコンをデスクトップ上に置くことができます。皆さんが普段使っているWindowsやMacOSはGUIを採用していますね。

1.2 GUIとは

GUI（graphical user interface）とは、ディスプレイにグラフィカルなボタンやアイコンなどが表示され、

② ________________ するインタフェース。

- コマンド（命令文）を知らなくても操作できる。初心者でも操作方法を習得しやすい。
- リソース（メモリやストレージなど）が多量に必要。
- メニューにないことは簡単には実行できない。

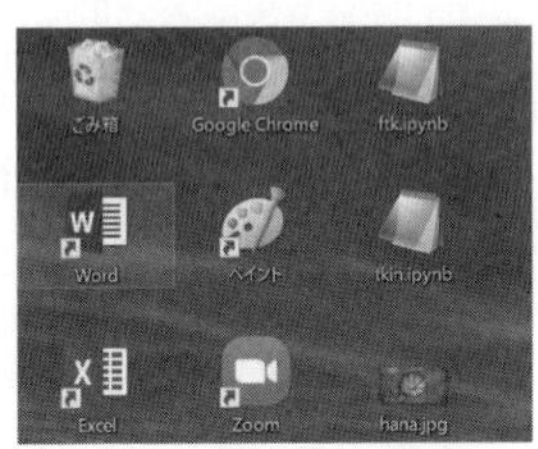

Memo

特徴を比較してみましょう。GUIは、メモリやストレージなどのリソースを多量に必要としますが、CUIは比較的性能の低いハードウェアでも快適に動作します。操作については、大雑把にいってしまうと、単純な操作についてはGUIでは簡単ですが、CUIでは少し面倒といえるでしょうか。一方で、複雑な操作はCUIが得意とするところで、GUIでは難しくなります。

CUIとGUIの比較のまとめ

	CUI	GUI
操作方法	キーボードから文字や数字を打ち込んで操作	ポインティングデバイスによって操作
操作性	シンプル	直観的・わかりやすい
操作の記録	可能	難しい
リソース	それほど必要ない	多量に必要
単純な操作	③ ________	⑤ ________
複雑な操作	④ ________	⑥ ________

Memo

ここからは、HCI と密接に関係する GUI に着目します。まずは GUI デザインのプロセスを見てみましょう。はじめに、ユーザ調査によって、システムが利用されている状況や、対象ユーザを理解します。そして、情報の構造化、情報の可視化を行い、GUI の評価を行います。本テーマでは、情報の構造化について詳しく見ていきます。

Memo

2. GUI設計における　タスク指向とオブジェクト指向

2.1 GUIデザインのプロセス

(1) 利用状況、対象ユーザの把握　・・・ユーザ調査

(2) 情報の構造化　・・・<u>タスク指向、オブジェクト指向</u>

(3) 情報の可視化　・・・設計原則の適用

(4) GUIの評価　・・・ 定量的評価、定性的評価

情報の構造化において、タスク指向、オブジェクト指向という考え方があります。そして、それぞれの考え方によりデザインされた UI を、タスク指向 UI、オブジェクト指向 UI といいます。オブジェクト指向というと、オブジェクト指向プログラミングを思い浮かべるかもしれませんが、オブジェクトを起点とするという考え方は共通していて、高い親和性があります。

Memo

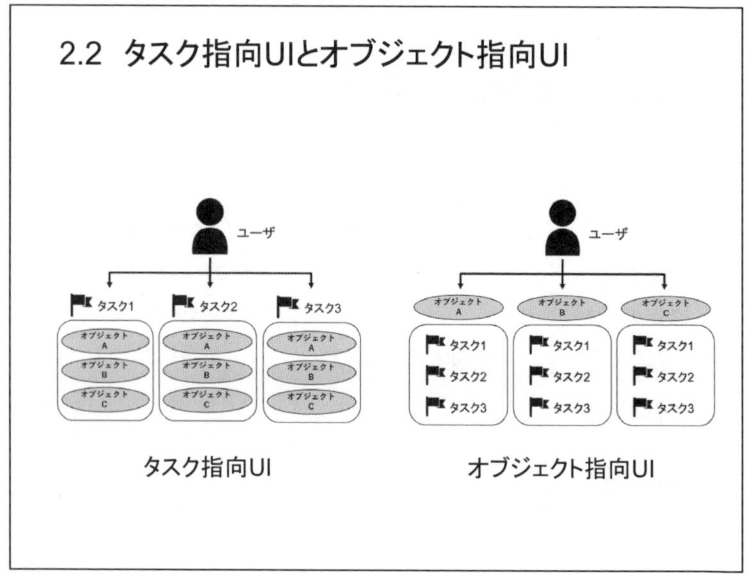

タスク指向 UI の「タスク」は、ユーザが行いたいことです。「動詞→名詞」の順で操作をすることが特徴です。オブジェクトを選択する必要がない場合や、操作が定型的なもの、絶対に完遂が求められる操作などはタスク指向 UI のほうが良いとされています。例えば、銀行の ATM の UI はタスク指向になっています。

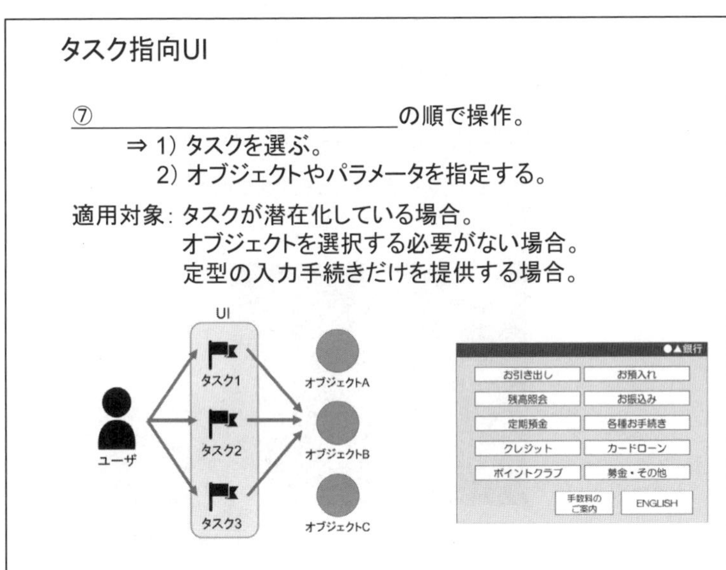

Memo

オブジェクト指向 UI の「オブジェクト」は、ユーザが使おうとしている目当てのもののことです。こちらは、「名詞→動詞」の順で操作をします。具体的にいうと、ユーザがまず対象物（名詞）を選び、それからアクション（動詞）を選ぶという流れです。オブジェクト指向 UI はあらゆる情報システムに有効であるといわれています。

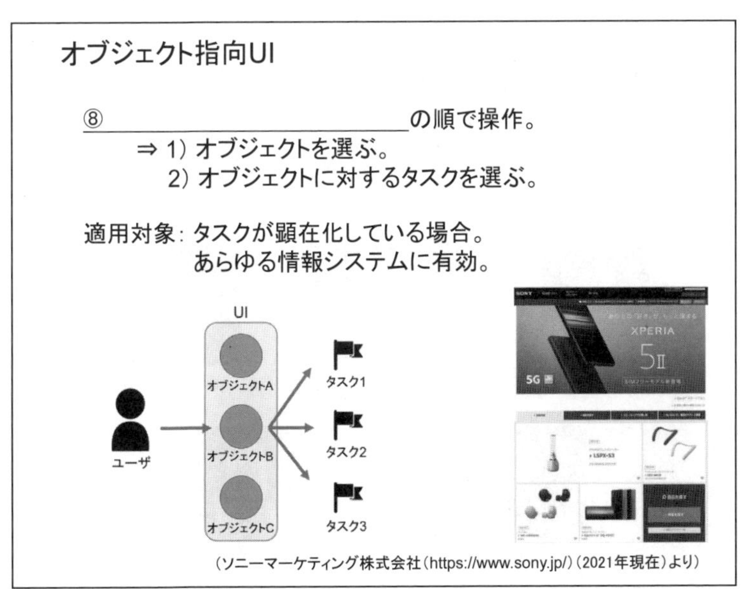

（ソニーマーケティング株式会社（https://www.sony.jp/）（2021年現在）より）

Memo

オブジェクト指向 UI に関する四つの原則があります。それぞれの内容を詳しく見ていきましょう。まずは、「オブジェクトを知覚でき直接的に働きかけられる」です。私たちが日常生活の中で作業をするときと同じように、対象物が見えていて、それらを触ることができ、作業の結果を対象物の変化としてその場で確認できるようにすることが重要です。

Memo

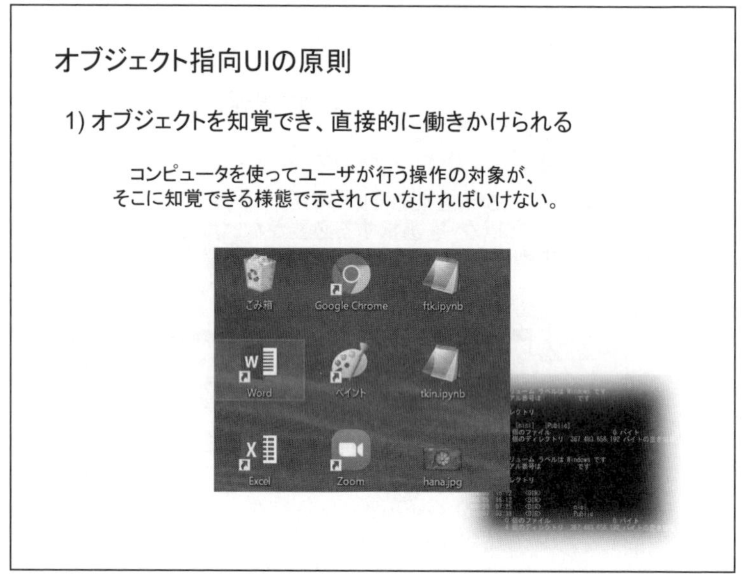

続いて、「オブジェクトは自身の性質と状態を体現する」です。それぞれのオブジェクトは、つねに自身の性質と現在の状態をそのもの自体の形や色などによって示し続けなければならないということです。ファイルというオブジェクトが存在した場合、そのオブジェクトが選択されているか、ドラッグされているか視認しやすい色や形で示し続ける必要があります。

Memo

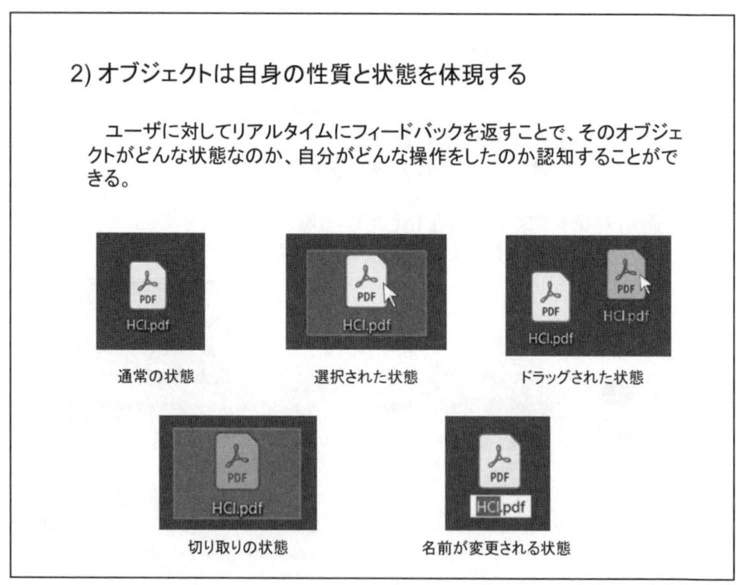

そして、「オブジェクト選択→アクション選択の操作順序」です。複数のオブジェクトが存在するとき、まずはどのオブジェクトに対して操作を行うか選んだうえで、行う操作を選択するといった流れになるようにします。つまり「名詞→動詞」の操作順序で行うということで、これは普段の日常生活での行動も同じです（例：りんごを手にする → かじる）。

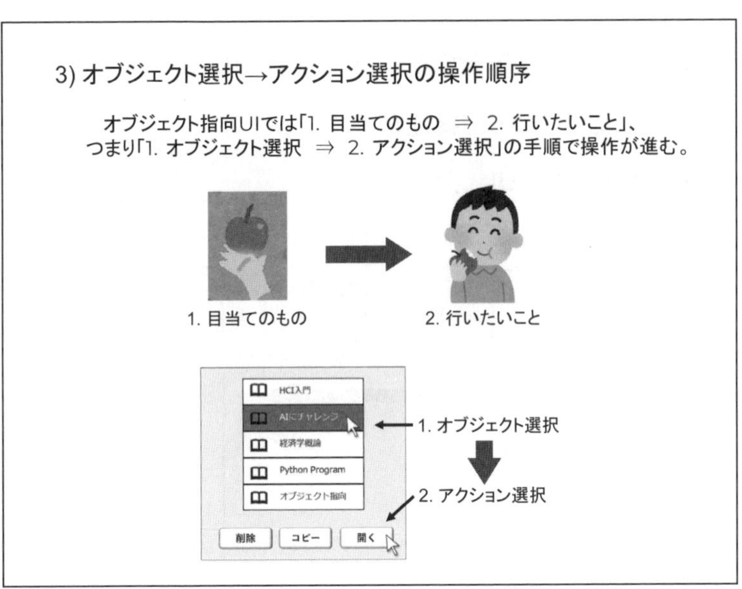

Memo

最後は、「すべてのオブジェクトがたがいに協調しながら UI を構成する」です。ユーザがコンピュータの世界を構造的に認識できるよう、オブジェクトどうしがたがいに協調しながら表されていなければならないということです。

Memo

ここからは、タスク指向UIとオブジェクト指向UIの違いを具体的なUIデザインを取り上げて比較をしていきます。まずは、蔵書アプリを例に挙げて考えてみましょう。タスク指向UIでは、タスクの選択ボタンがトップ画面に並びます。何か新しい機能を追加するとなると、トップ画面にどんどんと新しい操作ボタンが増えていくことになります。

Memo

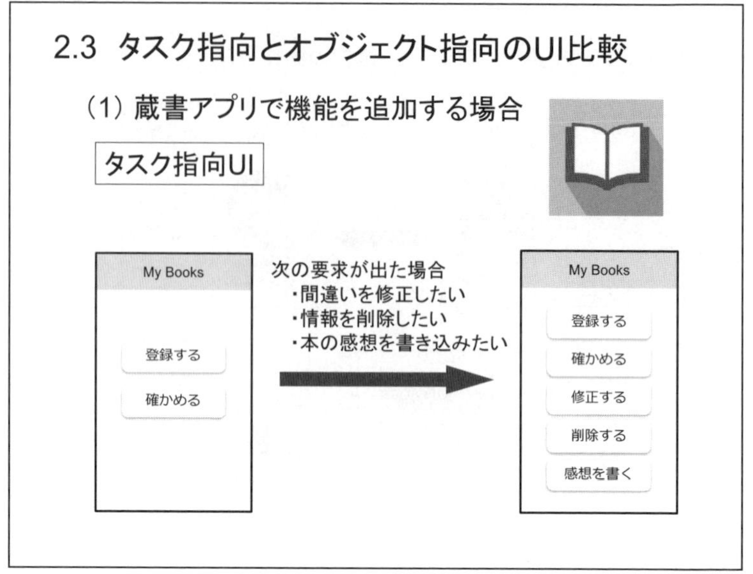

一方でオブジェクト指向UIはどうでしょうか。最初の画面には、ユーザが目当てとする本(オブジェクト)が並んでいます。私たちが本棚の前で本を選んでいる状況に近いですね。そして、ユーザがどれかの本を選択すると、次に実行できるタスクを選択することができるようになっています。機能が追加されたときの使いやすさはどうでしょうか。

Memo

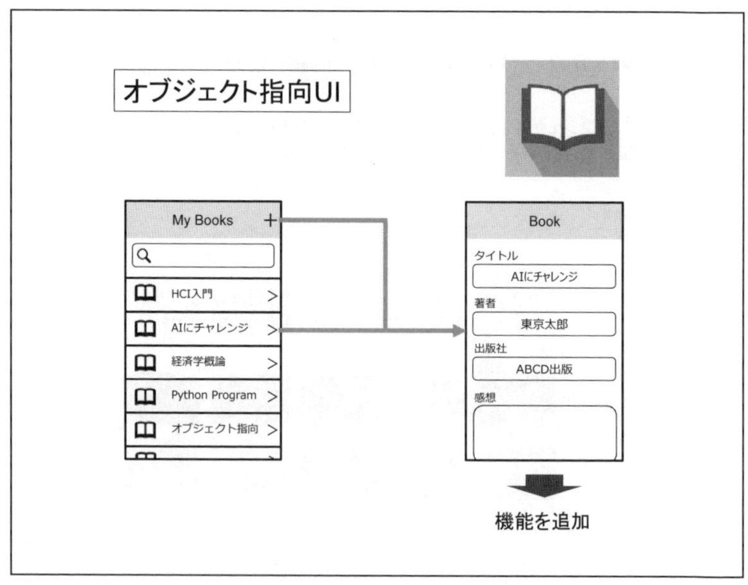

次は、ビデオカメラのUIを見てみましょう。ある録画データを再生してから、そのデータを削除するという作業を考えてみます。タスク指向UIでは、「再生機能」のアイコンから操作が始まって6ステップを必要とします（ここでは、あえてタスク指向とオブジェクト指向の考え方に忠実にUIを作成しています。そのため実際のUIとは異なる場合があります）。

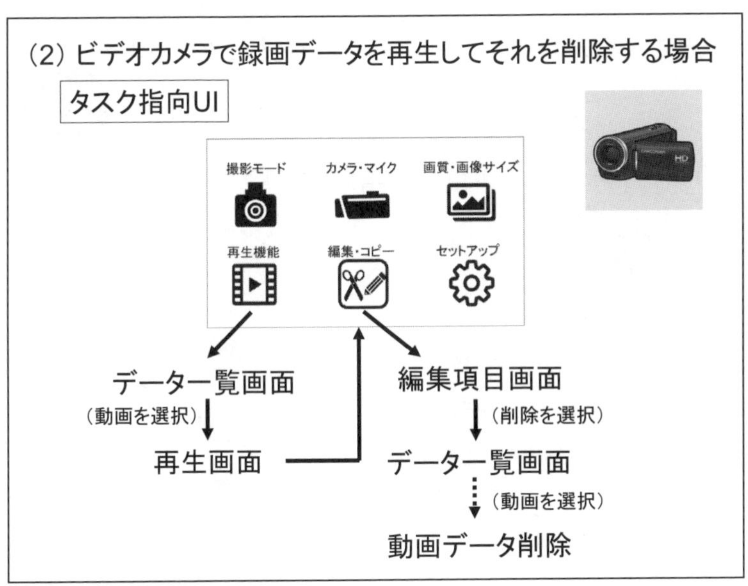

Memo

一方でオブジェクト指向UIでは、まずはユーザの目当てである「録画データ」を選びます。目的の録画データを見た後に、「削除」のボタンで録画データを削除します。タスク指向UIに比べて、オブジェクト指向UIでは明らかに操作回数が少なくなっていますね。

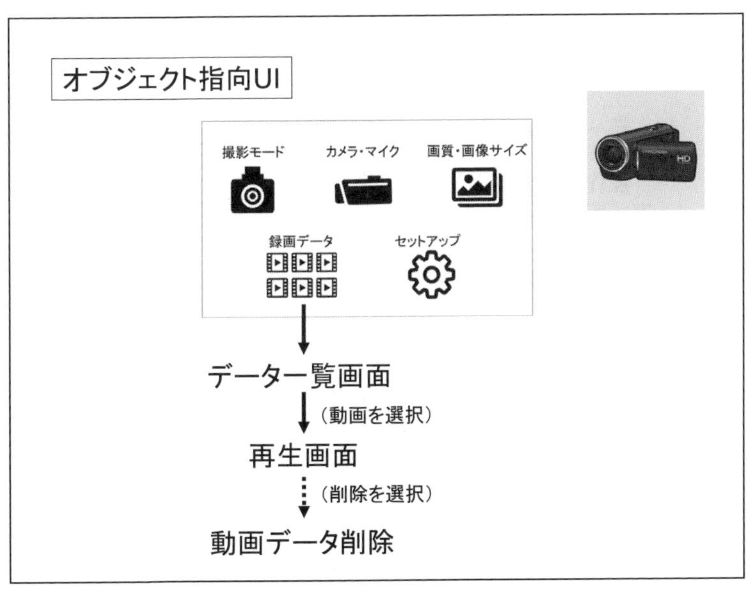

Memo

フードデリバリーサービスの UI を比較してみましょう。タスク指向 UI では、最初に「注文する」を選ぶことになります。そして、注文するために、お届け先情報として住所や名前を入力（確認）します。そしてやっと商品を選ぶことができます。この操作の流れは不自然ではありませんか。一方でオブジェクト指向 UI では、トップ画面で商品の一覧が表示されます。

Memo

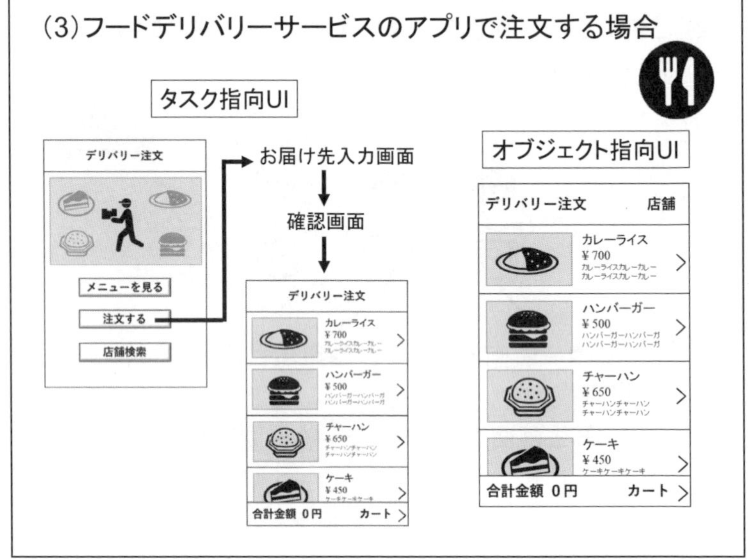

情報の構造化において、押さえておきたいモーダル（modal）とモードレス（modeless）について説明します。モーダルとは、モード（mode）がある状態のことです。モードはユーザの行動を制限し、一つの作業を決められたやり方で終えるまでユーザを拘束します。モードは、タスク指向 UI において発生するとされています。

Memo

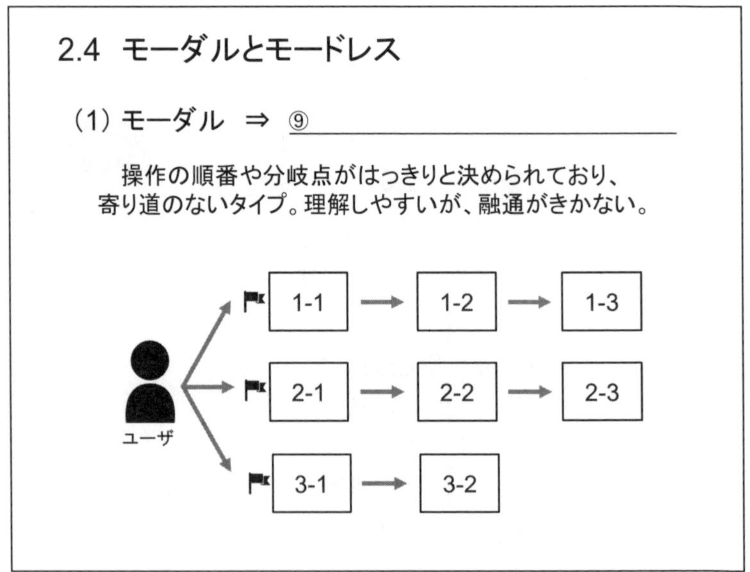

モードレスとは、モードがない状態のことです。モードがないということは、ユーザが好きなときに好きな順序でシステムを操作できるということです。UI のデザインでは、できる限りモードを設けないほうが良いとされています。また、モードレスを実現するためには、オブジェクト指向 UI が有効であるとされています。

(2) モードレス ⇒ ⑩ ＿＿＿＿＿＿＿＿＿＿＿＿

いくつかの基本画面だけが決まっていて、あとは目的に合わせて自由に行き先が選択できるタイプ。融通がきくが、慣れないと使いにくい場合がある。

Memo

それでは、演習課題をやってみましょう。皆さんが普段使っている自動販売機で、飲み物を買うときの操作手順を考えてみましょう。現金と電子マネーで購入する際の操作手順が異なります。この演習課題を通して、タスク指向、オブジェクト指向の考え方を整理してみてください。

演習課題

自動販売機で飲み物を買うときは、現金、または電子マネーが利用できますが、操作手順がそれぞれで異なります＊。それぞれの操作手順をステップごとに書き出してください。

また、それぞれの操作手順は、タスク指向、またはオブジェクト指向のどちらの考え方に当てはまるでしょうか。理由とともに説明してください。

＊一般的な自動販売機を想定しています（2021年現在）。

Memo

テーマ 7　HCI と認知構造

●本テーマで学ぶこと●

1. 人間の認知構造

人間の認知構造とは何かを解説します。ここでは、認知が心的過程であることと、記憶の過程・種類について理解を深めましょう。

2. 行為の 7 段階理論

ドナルド・ノーマンが提唱する、行為の 7 段階理論について説明します。この理論は、HCI を考えるうえでとても重要なものです。インタラクションにおける行為が、どのような観点で 7 段階に分割されているのか、詳しく解説します。演習課題にもチャレンジしてみましょう。

3. よいデザインの原則

この原則もドナルド・ノーマンが提唱するものです。ここで示す四つの原則に従って HCI を検討することで、先の 7 段階の行為が良い方向に導かれます。

まずは、人間の認知構造についてです。「認知」の一般的な定義をまとめてみましょう。巻末の解答または解説 PPT を写してみてください。ここで重要なことは、「認知」はいくつかの要素からなる心的過程（mental process）であるということです。

1.　人間の認知構造

1.1　認知とは

人間が入力情報を「知る」という過程を指すもの。

①＿＿＿＿＿＿＿＿＿＿＿＿＿＿などの

②＿＿＿＿＿＿＿＿＿＿（mental process）。

Memo

「認知」に関する歴史的な流れを振り返ってみます。心理学分野においては、1960 年代に、対象をブラックボックスとして入力と出力の対応関係を考える行動主義が主流であったものが、内的処理のメカニズムに焦点を当てた認知主義に代わりました。「認知」がいくつかの要素からなるプロセスであると考えられ始めました。

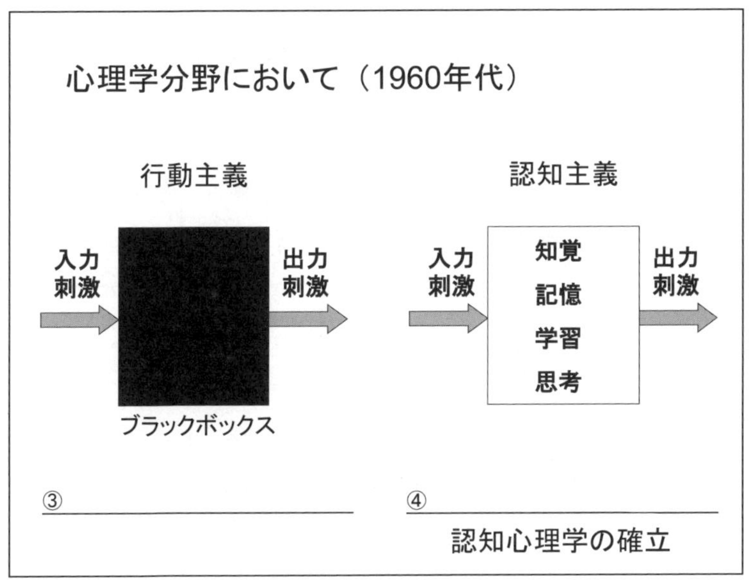

Memo

「認知」の一つの要素である「記憶」について少し詳しく見てみましょう。私たちが記憶するという行為もまた過程（プロセス）として示すことができます。下のスライドの下部に示すキーワードを、適当な空欄に記入してみてください。

Memo

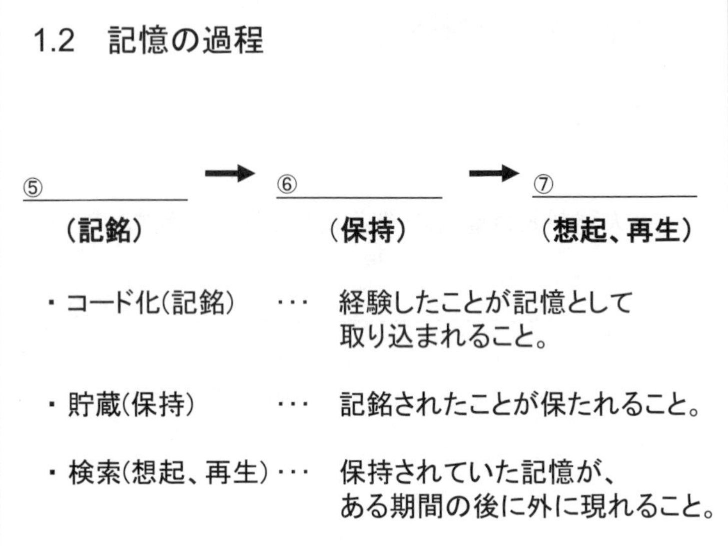

1.2　記憶の過程
⑤
⑥
⑦
（記銘）
（保持）
（想起、再生）
・コード化(記銘)　・・・　経験したことが記憶として取り込まれること。
・貯蔵(保持)　・・・　記銘されたことが保たれること。
・検索(想起、再生)・・・　保持されていた記憶が、ある期間の後に外に現れること。

「記憶」を時間的な観点から見てみると、短期記憶と長期記憶に分けることができます。情報が入力されてから、感覚記憶と短期記憶を経て、長期貯蔵庫に長期記憶として貯蔵されるまでのプロセスを下のスライドに示しています。

Memo

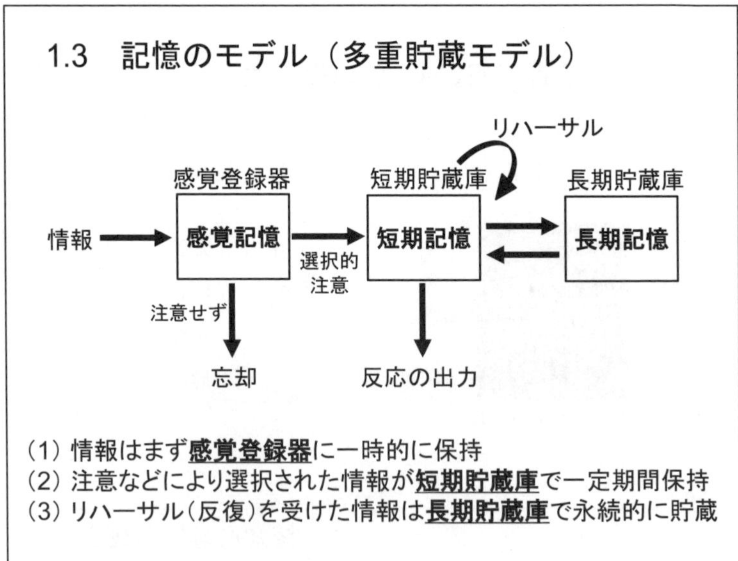

1.3　記憶のモデル（多重貯蔵モデル）

感覚登録器
短期貯蔵庫

(1) 情報はまず感覚登録器に一時的に保持
(2) 注意などにより選択された情報が短期貯蔵庫で一定期間保持
(3) リハーサル(反復)を受けた情報は長期貯蔵庫で永続的に貯蔵

短期記憶と長期記憶の特徴を、容量と保持期間の観点で比較してみましょう。短期記憶の魔法の数字は、心理学者ジョージ・ミラーによって1956年に発表されました。人間の短期記憶はHIの設計に深く関係しています。ここでは特徴だけに留めて、また後に出てくるテーマで詳しく述べることにします。

短期記憶と長期記憶の比較

短期記憶

容量：⑧＿＿＿＿＿＿＿＿（魔法の数字）ジョージ・ミラー (George Armitage Miller)

チャンクとは情報処理の心理的な単位

保持期間：⑨＿＿＿＿＿＿＿＿。

長期記憶

容量：⑩＿＿＿＿＿＿＿＿＿＿＿＿。

保持期間：⑪＿＿＿＿＿＿＿＿。

Memo

ここからは、ドナルド・ノーマンが提唱する行為の7段階理論について解説します。ノーマンは、認知科学の第一人者であり、1980年代のはじめに認知科学の成果を利用して認知工学も提唱しています。この理論は、HCIに深く関係する内容です。人間がシステム（HI）を操作するときの行為がどのように分割されているのか、詳しく見ていきましょう。

2. 行為の7段階理論

ドナルド・ノーマン（Donald Arthur Norman）

認知科学の第一人者
Apple社の元副社長

人間側（心理的世界）とシステム側（物理的世界）との間の相互作用によって作業が進行する状況を7段階で表す。

・インタラクションデザインの指針がわかる

・HCIの問題点の抽出

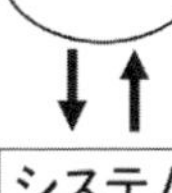

写真の出典：Jordan Fischer（https://www.flickr.com/photos/jordanfischer/61429449/）/ Wikimedia commons（https://commons.wikimedia.org/w/index.php?curid=2618273）/CC BY 2.0

Memo

人間がシステム（HI）を操作するときは、まず、何かをしようと考える、すなわち目標を設定しますね。そして、人間がシステム（HI）に対して何か操作を「実行」すると、システムの物理的状態（HI）は何かしらの変化が生じるので、人間はそれに対してうまくできたかどうか「評価」を行いますね。これで三つのステップに分割できました。

Memo

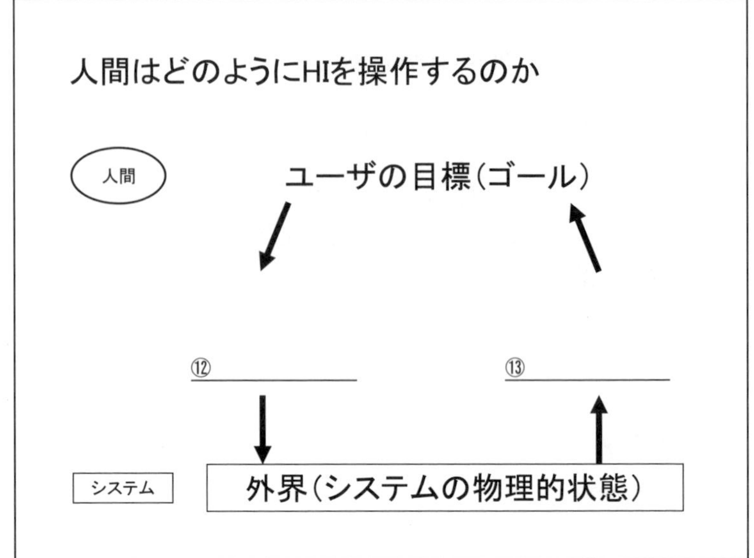

次に、上のスライドの「実行」（左側のプロセス）を、さらに細かく分割します。まずは、どのような手段で目標を達成するか「意図の生成」を行い、次に具体的なやり方を考える「操作系列の生成」をします。そして、システム（HI）に対して実際に手を動かして「操作の実行」をするのです。これで「実行」のプロセスが三つのステップに分かれました。

Memo

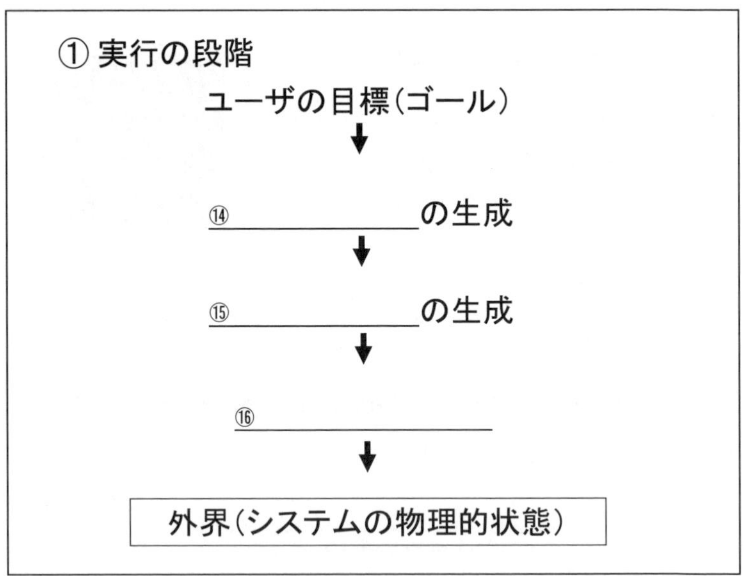

次は、「評価」（右側のプロセス）をさらに細かく分割します。システム（HI）が変化したことに対して、人間の感覚器を介して「外界の状態の知覚」を行います。そして、その知覚したものが何であるかを「知覚の解釈」において解釈をして、最後に、解釈したものが目標に一致しているか「解釈の評価」を行います。これで「評価」のプロセスも三つに分かれました。

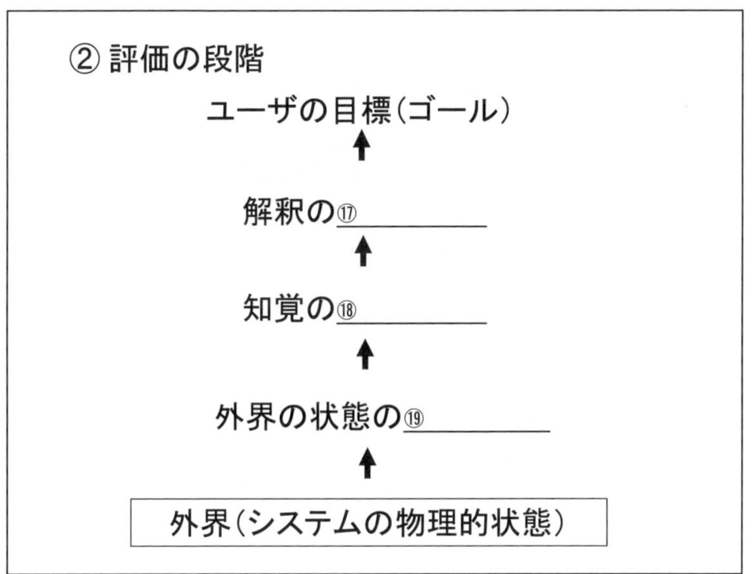

Memo

以上の実行の段階と評価の段階を合体させると、下のスライドのように、行為の7段階理論のモデルができあがります。ユーザの目標（ゴール）は、1段階の行為として表していますが、実際には、実行の段階のスタートで、かつ、評価の段階のゴールでもあることに注意してください。

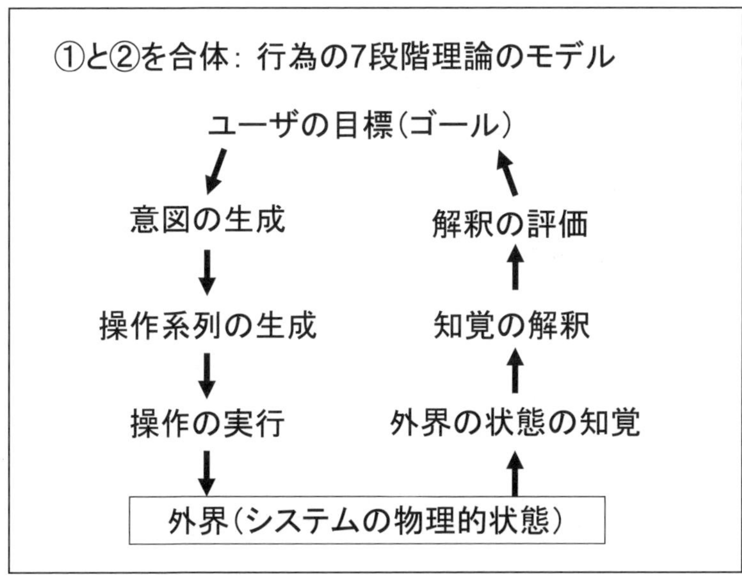

Memo

次の行為を7段階理論に照らし合わせて見てみましょう。ポイントとなる点だけに解説を加えます。「意図の生成」では、目標を達成するためのいくつかの手段から適当なものを選びます。「外界の状態の知覚」では、まだ知覚する（見る）だけで、その次の「知覚の解釈」で対象がAであると理解し、「解釈の評価」でやっとAが目標の原稿である（達成した）と判断します。

Memo

行為の7段階理論の例

(1)ユーザの目標　— **昨日作成した原稿を見たい**。
(2)意図の生成　— 原稿ファイルをワープロで開くことにする。
(3)操作系列の生成　— ワープロアイコンをダブルクリックする、と考える。
(4) 操作の実行　— ダブルクリックを実際に手を動かして行う。
(5) 外界の状態の知覚 — 画面上に現れたウィンドウを見る。
(6) 知覚の解釈　— ウィンドウの文章はAであると解釈する。
(7) 解釈の評価　— 文章Aは昨日作成した原稿であり、目的を達成したと理解する。

人間がHIを操作するという行為に、下のスライドに示す、川にかかった二つの橋を渡るイメージが当てはめられています。この二つの橋のどこかの段階で川に落ちてしまうと、それはすなわちHIの操作に失敗したことになります。それぞれの橋がかかっているところを、「実行のへだたり」、「評価のへだたり」といいます（へだたりを淵ともいいます）。

Memo

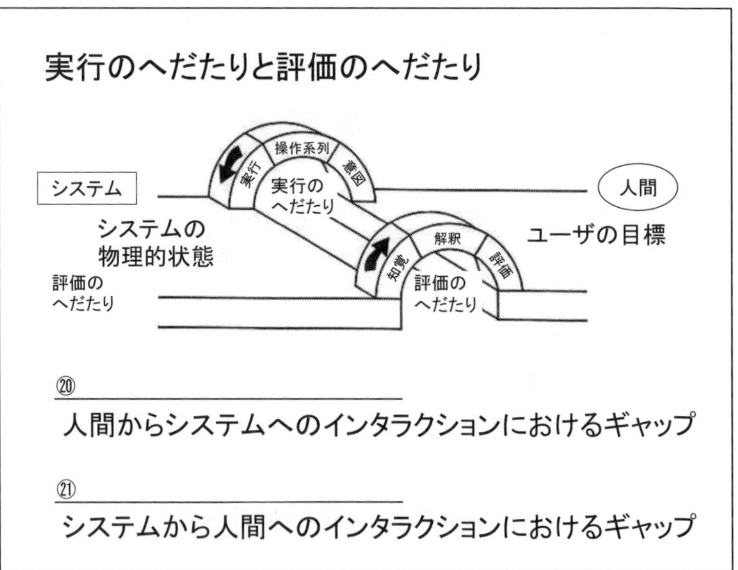

HIを使う人間は、HIの操作を行うとき操作に失敗したり、困難を覚えたり、努力したりします。良いインタラクションでは、このような困難や努力が少ないといえます。行為の7段階の理論では、へだたりが小さいというイメージです。

ユーザは大きなへだたりを乗り越えるとき・・・

橋から落ちる≒操作に失敗する、困難を覚える、努力する

良いインタラクションとは

●実行のへだたりで
入力（意図）が簡単に具体的な操作に翻訳できる

●評価のへだたりで
出力（結果）がユーザの心的世界の意味に翻訳できる

へだたりが小さい

Memo

以上の行為の7段階理論は、次のようにHCIを評価するときの質問項目として書き直すことができます。実際には一瞬で終わってしまうHIの操作を、この七つの観点で見直してみると、潜んでいる問題を発見することができるかもしれません。

7段階理論を用いたHCIにかかわる質問

(1) ユーザの目標 — ユーザが設定した目標はあっているか。
(2) 意図の生成 — ユーザがゴール達成の手段を思いついたか。
(3) 操作系列の生成 — ユーザが考えた手段のやり方はわかっているか。
(4) 操作の実行 — ユーザが誤らずに手段を実行できたか。
(5) 外界の状態の知覚 — ユーザが提示された何かを知覚できたか。
(6) 知覚の解釈 — ユーザが知覚した結果を理解できたか。
(7) 解釈の評価 — ユーザが設定した目標と結果を比較できたか。

Memo

それでは、前半の演習課題をやってみましょう。「ワープロソフトで作成したレポートの印刷」という目標を考えたとき、行為の 7 段階理論を用いて、この作業を七つの段階に分割してみましょう。

Memo

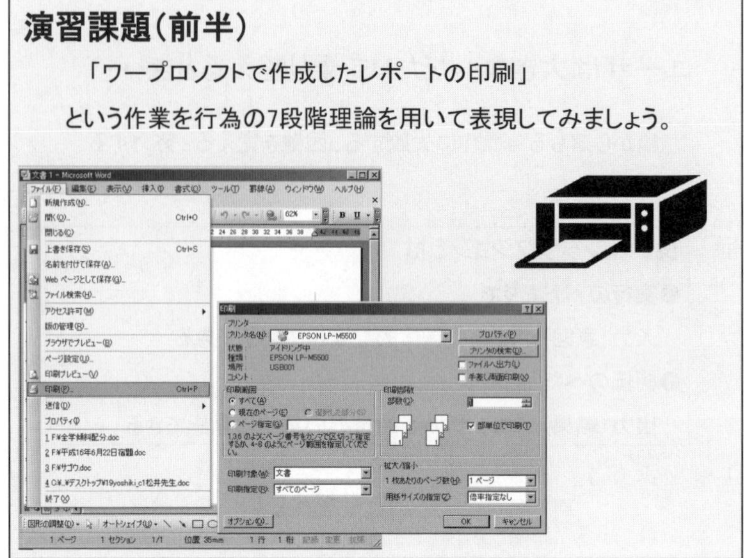

これから示す四つの原則に従って HCI を検討することで、7 段階理論の各段階でへだたりに落ちずに済むかもしれません。ここで解説する、よいデザインの原則もノーマンが提唱しています。まずは、可視性です。HI の要素を見ただけでユーザが直観的にどのように操作すればよいか理解できるというもので、アフォーダンス（シグニファイア）が鍵となります。

Memo

3. よいデザインの原則 （ドナルド・ノーマン）

3.1　可視性

目で見ることによって、ユーザはシステム（HI）の状態とそこでどんな行為を取り得るかを知ることができる。

・操作するときに重要なHIの要素は、目に見えなくてはならない。

・HIの要素からは、操作に関する適切な手掛かりが必要。

可視性を手助けしてくれるのが、
アフォーダンス（シグニファイア）

アフォーダンスは、もとは心理学者ジェームズ・ギブソンによって提唱されました。アフォーダンスの本来の意味は、人間と物の間に存在する関係性のことですが、ドナルド・ノーマンがデザインの用語として、物をどのように扱ったら良いかについての強い手掛かりを提供してくれる、といった意味で用いました。

アフォーダンス（affordance）

ジェームズ・ギブソン（James Jerome Gibson）
（1904-1979）、心理学者

「人間や動物と、物や環境との間に存在する
関係性（インタラクションの可能性）」
を示す認知心理学における概念。

物や環境が、人間や動物に対して与える「意味」のこと。
「与える、提供する」を意味するアフォード（afford）
からの造語。

Memo

しかしその後、ノーマンは、アフォーダンスという言葉では、誤用や混同が生じていると考え、シグニファイア（知覚されたアフォーダンス）という新たな言葉を提案しました。シグニファイアとは、複数あるアフォーダンスから、正しい操作の仕方を導いてくれるヒントや手掛かりとなる HCI におけるデザインのことを指しています。

シグニファイア（signifier）（ドナルド・ノーマン）

シグニファイア：信号を意味するシグナル（signal）から
作られた造語

アフォーダンス
本来は人間と物の**関係性のみ**を表す。
関係性は複数ある場合がある。

シグニファイア（知覚されたアフォーダンス）
アフォーダンスが何であるかを教えてくれる
ヒント、手掛かり。環境や物が発する
アフォーダンスを汲み取り、人間が簡単に
使えたり誤った使い方をしないデザイン。

Memo

二つ目は、概念モデルです。ノーマンは、デザインモデル、ユーザのもつモデル、システムイメージの三つの概念モデルを提唱しています。インタラクションデザインでは、デザイナは対象ユーザの属性を調査してユーザモデルを把握し、システムイメージを反映する必要があります。これがうまくいくと、ユーザは自分の行為の結果を予測できるようになります。

Memo

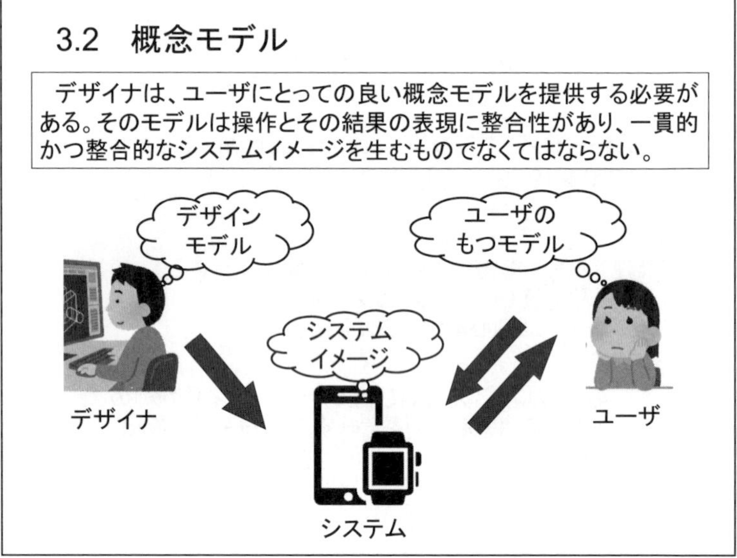

3.2　概念モデル
デザイナは、ユーザにとっての良い概念モデルを提供する必要がある。そのモデルは操作とその結果の表現に整合性があり、一貫的かつ整合的なシステムイメージを生むものでなくてはならない。
デザインモデル
ユーザのもつモデル
システムイメージ
デザイナ
ユーザ
システム

三つ目は、対応づけです。部屋の照明の配置とスイッチの配置が同じだと、どこを押せばどの照明が点くのかすぐに判断できます。これは良い対応づけができている証拠です。自然な対応づけは、ユーザの住んでいるところの文化で変わることがあります。ですから、インタラクションデザインでは、文化の違いやとらえ方の違いも考慮する必要があります。

Memo

3.3　対応づけ

システムの状態と目に見えるものの間の対応関係を確定することができる。

二つのものの間の関係を意味する。

「行為と結果」
「操作と結果」
「コントロール手段とその動き」

対応づけの例：

- 自動車のハンドル
- 照明の配置とスイッチの配置
- ガスコンロのバーナと点火つまみの位置

曲がりたい方向に
ハンドルを回転させる

最後の四つ目は、フィードバックです。フィードバックとは、どのような行為が実際に遂行され、どのような結果が得られたかに関する情報をユーザに送り返すことです。ユーザのどの感覚器に対して、どのようにフィードバックをするのかも重要になります。

3.4 フィードバック

ユーザは、行為の結果に関する完全なフィードバックをつねに受けることができる。

システムの状態のフィードバック

・入力・選択の内容や完了、
処理実行中、処理完了、処理結果など

バスの降車ボタン

感覚器へのフィードバック

・スマートフォンの振動によるクリック感（触覚）

・バスの降車ボタンを押したときの音（聴覚）、点灯（視覚）、押した感覚（力覚）

Memo

後半の演習課題をやってみましょう。アフォーダンスとシグニファイアに関する問題です。左下の写真のレバーの形状から、どのような行為がアフォードされるでしょうか。右下の写真は、参考までにレバーが実際に使われている例です。ユーザにこのレバーを正しく操作してもらうためのシグニファイアも考えてみましょう。

演習課題（後半）

左下の写真のレバーの形状から

(1) どのような行為（操作）がアフォードされますか？
（考えられるすべての操作を挙げてください。）

(2) また、(1)で挙げた操作を一つ選び、
その操作を導くシグニファイアを検討してください。

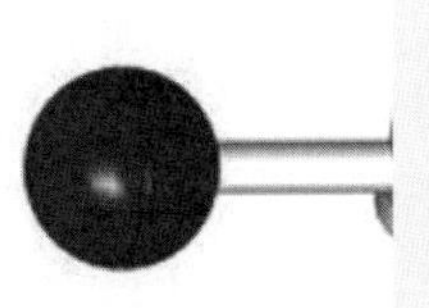

レバーが使われている例

Memo

テーマ 8
HCI の設計原則

●本テーマで学ぶこと●

1. 設計原則

ここでは、有名な三つの設計原則を取り上げます。ドナルド・ノーマンの「難しい作業を単純にするための七つの原則」、ベン・シュナイダーマンの「UI デザインにおける八つの黄金律」、ISO 9241-110：2020 の「インタラクションの原則」です。それぞれの原則の意味することを理解することも大事ですが、具体的にどのような製品の HCI に応用されているのか自身で確認することも大事です。

2. デザインガイドライン

設計原則をもとにして、いろいろな企業が作成しているデザインガイドラインを概説します。ここでの内容は初めて見る人も多いと思います。まずは、デザインガイドラインの中で、どのようなことがまとめられているのか、理解しましょう。演習課題にもチャレンジしてみてください。

本テーマでは、良い HCI を設計するための一般的な指針となる HCI の設計原則を取り上げます。まずは、設計原則とは何か、見てみましょう。巻末の解答または解説 PPT を写してみてください。次のスライドから、三つの HCI の設計原則を取り上げて、詳しく解説していきます。それぞれの設計原則の具体例（実際の製品）を自身でも調べて、メモにまとめてみてください。

1. 設計原則

ヒューマンコンピュータインタラクションを設計するための

①＿＿＿＿＿＿＿＿＿＿＿＿＿＿＿＿＿＿＿＿＿＿＿＿。

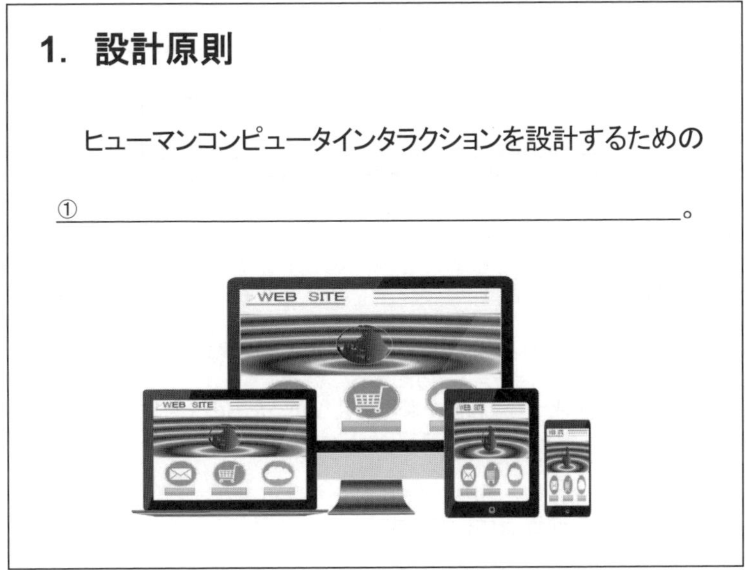

Memo

最初の設計原則は、ドナルド・ノーマンの「難しい作業を単純にするための七つの原則」です。この原則は、テーマ7の3で出てきた「よいデザインの原則」の考え方がベースになっています（以降では、「よいデザインの原則」を4原則といいます）。それぞれの原則を詳しく見ていきましょう。

1.1　難しい作業を単純にするための七つの原則

（ドナルド・ノーマン）

(1) 外界にある知識と頭の中にある知識の両者を利用する
(2) 作業の構造を単純化する
(3) 対象を目に見えるようにして、
　実行のへだたりと評価のへだたりに橋をかける
(4) 対応づけを正しくする
(5) 自然の制約や人工的な制約などの制約の力を活用する
(6) エラーに備えたデザインをする
(7) 以上のすべてがうまくいかないときには標準化をする

（出典：文献 1））

Memo

一つ目の原則は、4 原則の「概念モデル」と関係します。テーマ 7 の 3 で解説したインタラクションデザインにおける概念モデルのポイントを見直してください。

二つ目の原則では、四つのアプローチがあります。近年、いろいろなところで自動化が進められていますが、適切なレベルの自動化が必要ですね。

Memo

(1)②＿＿＿＿＿＿＿＿＿＿＿＿＿＿＿＿＿＿＿＿の
両者を利用する

外界にある知識と、どんな行為をすると、どんな結果が起きるかについての情報の間の関係が、自然かつ、容易に解釈できる。
⇒ 三つの概念モデルが重要。

(2) 作業の構造を③＿＿＿＿＿＿＿＿＿する

1) 作業は以前と同じままで、メンタルエイド（思考・記憶上の手助け）を利用できるようにする。
2) 技術を使ってこれまで目に見えなかったものを目に見えるようにし、その結果としてフィードバックや対象をコントロールする能力を向上させる。
3) 作業は以前と同じままで自動化を進める。
4) 作業の性質自体を変更する。

三つ目の原則は、テーマ 7 の 2 で出てきた「行為の 7 段階理論」に関係します。また、4 原則の「可視性」の考え方が重要になってきます。

四つ目の原則は、4 原則の「対応づけ」ですね。どちらも、テーマ 7 の 3 の 4 原則のところを復習してみてください。

Memo

(3) 対象を④＿＿＿＿＿＿＿＿＿＿＿＿して、
実行のへだたりと評価のへだたりに橋をかける

行為の7段階理論における、実行可能な複数行為やシステムの状態自体を見えるようにしておく。⇒ 可視性が重要。

(4)⑤＿＿＿＿＿＿＿＿＿＿＿を正しくする

1) 意図とその時点でユーザが実行できる行為の関係。
2) ユーザの行為とそれがシステムに及ぼす影響の関係。
3) システムの実際の内部状態と、目で見たり聞いたり感じとれたりするものの間の関係。
4) ユーザが知覚できるシステムの状態と、ユーザの欲求・意図・期待の関係。

五つ目の原則の中で、ノーマンは、四つの制約を挙げています。制約を利用することでHIが使いやすくなる、間違わなくなる、というのは意外な観点ですね。

六つ目の原則は、エラーへの対処についてです。エラーが起こったときは、もとに戻せるという操作が重要になります。

(5) 自然の制約や人工的な制約などの

⑥＿＿＿＿＿＿＿＿＿＿する

させないこと（制約）をいかにうまく活用するか。

1) 物理的な制約。
2) 意味的な制約。
3) 文化的な制約。
4) 論理的な制約。

（1)～4) は）選択肢を減らしてくれる

(6)⑦＿＿＿＿＿＿＿＿＿＿＿＿＿をする

エラーが起こる可能性があるとき、そのエラーは実際に起こると考えて、それに備えるべき。

1) 望ましくない結果をもとに戻すことができるようにする。
2) もとに戻せない操作はやりにくくしておく。

Memo

最後の七つ目の原則は、これまでの六つの原則で上手くいかないときに、標準化するというものです。ユーザは、一度その内容を習得すれば使いこなすことができるようになります。しかし、問題点もあります。自動車の運転は標準化されたものですが、ユーザは、自動車教習所で訓練が必要になってきます。

(7) 以上のすべてがうまくいかないときには

⑧＿＿＿＿＿＿＿＿＿＿をする

最後の手段として、ユーザの行為や結果、システムの配置や表示を標準化する（一度学べばそれで済む）。

例）キーボードの配列、交通標識や信号、
　　測定の単位（m等）、カレンダー。

問題点：
・標準としての合意に達するまでが大変。
・標準化するタイミングも難しい。
・ユーザは訓練しなければならない（自動車の運転）。

Memo

次の設計原則は、ベン・シュナイダーマンが提唱している「UI デザインにおける八つの黄金律」です。彼の著書「ユーザーインタフェースの設計：やさしい対話型システムへの指針（原題：Designing the User Interface: Strategies for Effective Human-Computer Interaction)」の中で提唱されています。それでは、それぞれの原則を詳しく見ていきましょう。

Memo

1.2 UIデザインにおける八つの黄金律

（ベン・シュナイダーマン
(Ben Shneiderman))

(1) 一貫性をもたせる
(2) 頻繁に使うユーザには近道を用意する
(3) 有益なフィードバックを提供する
(4) 段階的な達成感を与える対話を実現する
(5) エラーの処理を簡単にさせる
(6) 逆操作を許す
(7) 主体的な制御権を与える
(8) 短期記憶領域の負担を少なくする

（出典：文献２))

一つ目の原則「一貫性をもたせる」では、デバイス間、同一サイト内など、様々な観点で一貫性を保つということが重要になります。二つ目の原則では、様々なユーザのニーズに対応できる柔軟なデザインが必要ということです。三つ目の原則は、フィードバックについてです。フィードバックの情報量についても言及しています。

Memo

(1)⑨____________をもたせる

一貫した操作手段、同一用語の使用、コマンド形式の統一など、似たような状況に対して、つねに同じ対応がとれるようにする。

(2) 頻繁に使うユーザには⑩____________を用意する

初心者と熟練者、年齢、障がい、技術理解の多様性といったユーザの多様なニーズを理解し、内容を変形できるような柔軟なデザインにする。

(3) 有益な⑪____________を提供する

すべての操作結果に対して状況変化を提示する必要がある。
実行頻度と実行の影響度により応答の情報量を変化させることが望ましい。

四つ目の原則は、操作の完了についてです。ユーザには、次の操作に進める安心感が必要です。五つ目の原則は、エラーに対する回復方法です。エラーが起こるとユーザは混乱した状態になるので、単純でわかりやすい回復方法が望まれます。六つ目の原則は、「戻る」操作についてです。この操作ができないとHCIは「一方通行」になってしまいます。

(4) ⑫＿＿＿＿＿＿＿＿を与える対話を実現する

操作をやり遂げた満足感、安心感を与えることは新たな行動への推進力となる。

(5) ⑬＿＿＿＿＿＿＿＿を簡単にさせる

システムによる早期のエラー検出を行い、単純でわかりやすいエラー回復方法を提供する。また、致命的なエラーは起きないようにする。

(6) ⑭＿＿＿＿＿＿＿＿を許す

操作はできる限り可逆にする。ユーザの試行錯誤が容易になる。

Memo

七つ目の原則では、ユーザが対象物をコントロールできているということを感じさせることが重要になります。対象物をコントロールできていると感じられれば、不安に思うことはありません。最後の八つ目の原則は、テーマ7で出てきた短期記憶に関することです。「魔法の数字」のことは覚えていますか。

(7) ⑮＿＿＿＿＿＿＿＿を与える

ユーザを応答者としてではなく、主体的な操作者として取り扱う。ユーザを不安や不機嫌にするような応答や要求はしてはならない。

(8) ⑯＿＿＿＿＿＿＿＿の負担を少なくする

人間の短期記憶には限りがあるので、その容量に見合うように表示法を工夫する。

Memo

最後の設計原則は、ISO 9241-110:2020「インタラクションの原則」です。七つの原則で構成されていて、インタラクティブシステムの分析、設計、評価に適用できます。以前「対話の原則」と呼ばれていた旧規格の改訂版です。スライドの括弧内は、対応する旧規格の原則です。また、JIS Z 8520 は、この ISO 規格が日本語に翻訳されたものです。

Memo

1.3　ISO 9241-110:2020「インタラクションの原則」
（ISO：国際標準化機構）

(1) ユーザが行うタスクへの適合性 ←（仕事への適合性）

(2) インタラクティブシステムの自己記述性 ←（自己記述性）

(3) ユーザが抱く期待への一致 ←（ユーザの期待への一致）

(4) ユーザによる学習性 ←（学習への適合性）

(5) ユーザによる制御可能性 ←（可制御性）

(6) ユースエラーへの耐性 ←（誤りに対しての許容度）

(7) ユーザエンゲージメント　（個人化への適合性：削除）

出典：ISO 9241-110:2020 Ergonomics of human-system interaction
— Part 110: Interaction principles
ISO 9241-110:2006 Ergonomics of human-system interaction
— Part 110: Dialogue principles

それぞれの原則には、推奨事項のカテゴリがあります。以下に、各原則の推奨事項のカテゴリをまとめます。(1) タスクに対するインタラクティブシステムの適合性の確認、タスク達成における労力の最適化、タスクを支援するデフォルト設定、(2) 情報の存在と自明性、処理状況の明確な提示、(3) 適切なシステムの挙動と反応、一貫性、利用状況の変化への適応。

Memo

(1) ユーザが行う⑰＿＿＿＿＿＿＿＿＿＿

インタラクティブシステムは、ユーザのタスクの特性に適合しており、ユーザのタスクを支援する。

(2) インタラクティブシステムの⑱＿＿＿＿＿＿＿＿＿＿

インタラクティブシステムは、必要に応じて適切な情報を提示をする。ユーザがそれらの情報をすぐに利用できるようにする。

(3) ユーザが抱く⑲＿＿＿＿＿＿＿＿＿＿

インタラクティブシステムの動作は、利用状況や一般的な慣習に基づいて予測することができる。

（4）システムの情報や操作方法の発見、探索、記憶、（5）ユーザによる中断、柔軟性の提供、個別化、（6）ユースエラーの回避と許容、ユースエラーからの復帰、（7）ユーザへの動機づけ、システムの信頼性、システムへのユーザ関与の増強。なお、このISO規格の最後には、これらの推奨事項を適用するときに役立つチェックリストが用意されています。

(4) ユーザによる⑳＿＿＿＿＿＿＿＿＿＿

インタラクティブシステムは、ユーザがシステムの能力や使用方法を発見できるよう支援する。

(5) ユーザによる㉑＿＿＿＿＿＿＿＿＿＿

インタラクティブシステムは、ユーザが主体となってUIを制御できるようにする。

(6)㉒＿＿＿＿＿＿＿＿＿＿

インタラクティブシステムは、ユーザがエラーを回避できるようにし、識別可能なエラーは許容し、エラーからの回復を支援する。

(7)㉓＿＿＿＿＿＿＿＿＿＿

インタラクティブシステムは、システムとの継続的なインタラクションを支援する動機付けに、機能や情報を提示する。

Memo

ここまでで、HCIの設計原則を見てきました。これらの設計原則は、様々なデバイスやHIに対して適用できるように、抽象的な表現になっているものもあります。実際のHI開発においては、設計の対象が明確化しており、対象に合った形の設計原則が求められます。ここでは、三つの企業が独自に作成した、デザインガイドラインについて概説します。

2. デザインガイドライン

色・文字・レイアウト・表現方法といった様々な㉔＿＿＿＿＿＿＿＿＿＿について、

㉕＿＿＿＿＿＿＿＿＿＿。

実際の設計に㉖＿＿＿＿＿＿＿＿＿＿を適用するには、それぞれの設計対象に合わせて編集する必要がある。

これが、**デザインガイドライン**。

Memo

具体的なデザインガイドラインの解説に入る前に、デザインガイドラインのメリット・デメリットをまとめましょう。まず、メリットは、デザインの一貫性が確保される、ユーザビリティが担保される、制作コストの削減につながる、などが挙げられます。一方でデメリットは、表現や制作の自由度が低下する、ユーザの興味が持続しない、などです。

Memo

デザインガイドラインのメリットとデメリット

・メリット：

1）デザインの㉗＿＿＿＿＿＿＿＿の確保

2）㉘＿＿＿＿＿＿＿＿の担保

3）制作㉙＿＿＿＿＿＿＿＿

・デメリット：

1）表現や制作の㉚＿＿＿＿＿＿＿＿

2）ユーザの㉛＿＿＿＿＿＿＿＿

それではデザインガイドラインの一つ目、Apple社の「Human Interface Guidelines」です。iOS7以降のAppleのフラットデザイン（立体感が少ないエレメントを使ったデザイン）に基づいたデザイン指針がまとめられています。デバイスによる四つのOSごとに、デザインの基準がまとめられています。全デバイスで一貫性があり、デバイス固有のコンセプトもあります。

Memo

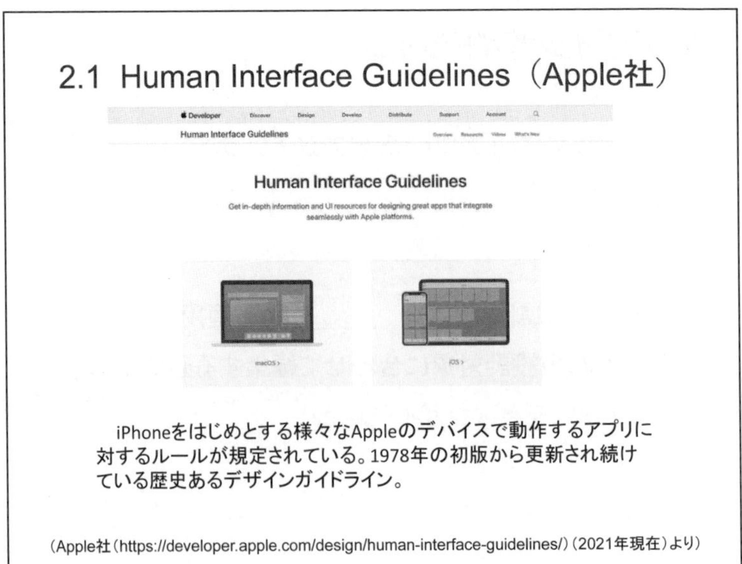

2.1 Human Interface Guidelines（Apple社）
Developer
Human Interface Guidelines
Human Interface Guidelines
Get in-depth information and UI resources for designing great apps that integrate seamlessly with Apple platforms.
iPhoneをはじめとする様々なAppleのデバイスで動作するアプリに対するルールが規定されている。1978年の初版から更新され続けている歴史あるデザインガイドライン。
（Apple社（https://developer.apple.com/design/human-interface-guidelines/）（2021年現在）より）

二つ目のデザインガイドラインは、Google 社の「Material Design Guidelines」です。Google によるミニマルデザイン（最小限のエレメントで構成するデザイン）のガイドラインです。動きによる説明があるため、視覚的にわかりやすい構成です。また、概念の説明だけでなく、例も記載されているので具体的な適用方法がイメージしやすいです。

2.2 Material Design Guidelines（Google社）

古典的な良いデザインの原則と、技術や科学の可能性・革新性を融合したVisual Language（視覚的言語）の作成を目指している。
Androidアプリもこの Material Designに則った設計が推奨されている。

（Google社（https://material.io/design/guidelines-overview）（2021年現在）より）

Memo

最後は、Microsoft 社の「Microsoft Design」です。Fluent Design System には、「Light」「Depth」「Motion」「Material」「Scale」の五つのコンセプトがあるとしています。これら五つのコンセプトの実現をサポートするために UWP（ユニバーサル Windows プラットフォーム）があります。

2.3 Microsoft Design （Microsoft社）

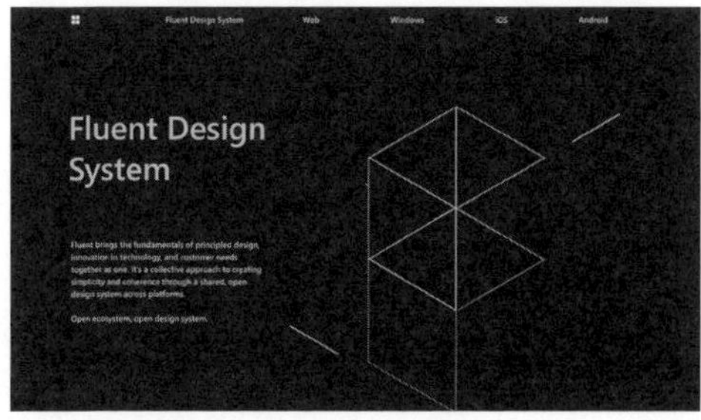

「Fluent Design System」というユーザ体験全体にまたがるデザインの考え方を「Microsoft Design」として提唱している。
PC、スマートフォン、タブレット、AR、VR、ウェアラブルなどを含めた世界観を表現するデザイン体系を目指している。

（Microsoft社（https://www.microsoft.com/design/fluent/#/）（2021年現在）より）

Memo

デザインガイドラインに関する演習課題です。インターネットに接続できる環境でやってみてください。デザインガイドラインのことを初めて聞いた人もいると思います。それぞれのデザインガイドラインは Web 上に公開されていますので、皆さん自身でアクセスして内容を確認してみましょう。第三者がこれらをまとめている Web サイトも参考になると思います。

Memo

演習課題

紹介したデザインガイドライン
・Human Interface Guidelines （Apple社）
・Material Design Guidelines （Google社）
のどちらかのWebサイトを訪問し、
内容を要約してみましょう。
（すべてを網羅する必要はありません）。

第三者がまとめている日本語のWebサイトを参照しても良いですが、その場合でも、上記Webサイトを訪問して、記載内容の対応箇所を確認してください。

第 3 部

HCI の評価方法

テーマ 9 HCI の定量的評価

●本テーマで学ぶこと●

第 3 部の「HCI の評価方法」では、代表的な HCI の評価手法を紹介していきます。本テーマでは、HCI の定量的評価の手法を取り上げます。

1. GOMS モデル

   人間とシステムのやり取りを観察するための人間情報処理モデルの一つです。特に、GOMS モデルの一種である、HCI を定量的に評価できる GOMS-KLM というモデルに着目します。具体的な演習問題を通して、理解を深めましょう。

2. ヒックの法則（Hick's law）

   「選択肢（メニュー項目）が多いほど迷う」というのは、皆さんが生活の中で経験していることだと思います。このことを論理的に示しているのが、ヒックの法則です。この法則に基づいた HI 設計についても考えます。

3. フィッツの法則（Fitts' law）

   テーマ 5 で紹介した入力装置のどれかを使ってカーソルを移動させてアイコンをクリックするときに、どれくらいの時間がかかるのかということを、法則としてまとめたものです。最後の演習課題にもチャレンジしてみてください。

4. 眼球運動解析

   代表的な眼球運動計測装置と眼球運動解析の手法を概説します。

はじめの HCI 評価手法は GOMS モデルです。人間の行動を分析するためのモデルで、ユーザがコンピュータ（システム）を使い特定の目標をもった行動をするとき、その行動を Goals（目標）、Operators（行為）、Methods（方法）、Selection-rules（方法選択規則）の 4 要素に区分して分析できます。GOMS はこの 4 要素の頭文字をとったものです。

1. GOMSモデル

1.1 GOMSモデルとは

HIの定量的・定性的評価のための人間情報処理モデルの一つ。ある行動全体にかかる時間を、下の四つの要素にかかる時間の和として推定。

Goals（目標）：　ユーザが達成しようとする目標。
Operators（行為）：　目標を達成するために必要な認知的、または身体的行為。
Methods（方法）：　目標を達成するための方法（一連の行為からなる）。
Selection-rules（方法選択規則）：　Method が複数あるとき、それらから一つの適切な方法を決定する規則。

Memo

GOMS モデルの一種に、GOMS-KLM があります。基本的な要素（ジェスチャ）に要する時間を基にして、全体の操作時間を推定する流れは同じですが、基本的なジェスチャがキー入力やクリックなど、HI を操作するための基本ジェスチャから構成されています。ここでは、GOMS-KLM について詳しく見ていきましょう。

1.2 GOMS-KLM
（ゴムズ・キーストローク・レベル・モデル）

GOMSの一手法。
ユーザとシステムが特定の作業を実行する際、その作業時間は該当作業を構成している操作の構成とそれをシステムが実行する時間の合計になるという考え方。
操作の構成からHIのユーザビリティを定量化できる。

Memo

GOMS-KLM で推定する時間は、専門家がコンピュータを使用してエラーなしでタスクを達成するまでの時間です。評価対象の作業を基本的なジェスチャに分割し、その合計時間を作業全体の時間として推定します。心理的準備 *M* については、配置法が定められています。規則 4 で、*K* が変化する可能性のある文字列の場合は、その後の区切りの直前の *M* はそのままにします。

Memo

GOMS-KLMを用いた評価

作業時間は基本的なジェスチャの合計時間として推定

- K = 0.2秒　：キー入力、 **<u>クリックも含む</u>**
- P = 1.1秒　：ポイント（カーソルの移動）
- H = 0.4秒　：ホーミング(手の移動)
- M = 1.35秒：心理的準備
- R　　　　　：応答時間

心理的準備*M*の配置法

- 規則０：すべてのK, Pの前にMを仮に挿入。
- 規則１：予測できるMを削除（PMK⇒PK）。
- 規則２：認知単位内でMKが繰り返されるとき、最初のMを残して後は削除。
- 規則３：連続した区切り（ピリオド、空白）が続いている場合、その直前のMを削除。
- 規則４：Kが定数や決まった文字列のあとの区切りの場合、その直前のMを削除。
- 規則５：コンピュータの応答時間RとオーバラップするMを削除。

具体的な問題を実際にやってみると理解が深まります。GOMS-KLM に関する演習課題をやってみましょう。スライダーバーを動かすときの操作に着目しています。実際には、ドラッグ操作をしていることになりますが、この操作時間を推定してみてください。ドラッグ操作におけるマウスのボタンの押下は *K*、対象を動かしてからボタンを離すときも *K* として考えましょう。

Memo

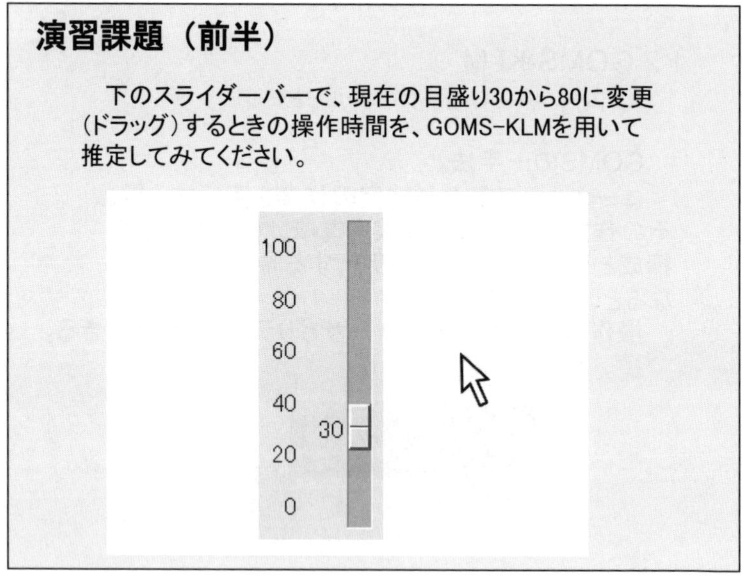

演習課題（前半）
下のスライダーバーで、現在の目盛り30から80に変更（ドラッグ）するときの操作時間を、GOMS-KLMを用いて推定してみてください。
100
80
60
40
30
20
0

続いて、ヒックの法則についてです。もともとは、横一列に並べられた複数のランプのうち、ランダムに点灯したランプに対応したボタンを押すときの反応時間を推定するモデルです。ランプの数（選択肢の数）が増えると、反応時間は対数的に長くなるというものです。下の四角の空欄部分には、ヒックの法則の式を記入してみてください。

2. ヒックの法則（Hick's law）

2.1 ヒックの法則とは

1951年にウィリアム・ヒック(William Edmund Hick)が提唱。意思決定に要する時間は、選択肢が増えるほど長くなることをモデル化した。

「選択肢が多いほど迷う(時間がかかる）」

①

RT: 反応するまでの時間(reaction time)　N: 選択肢の数
a: 意思決定以外にかかる時間(計測データの近似により求められる)
b: 意思決定にかかる平均的な時間(計測データの近似により求められる)

Memo

ヒックの法則に基づいた HI 設計を考えてみましょう。ヒックの法則は、ランダムに並べられたメニュー項目から特定のメニューを見つける場面には当てはまらず、アルファベット順、番号順、五十音順などのメニュー項目（対数時間で機能する細分化戦略を使用できる場合）での選択に当てはまります。

2.2 ヒックの法則に基づいたHI設計

「メニュー項目が多いほど、選択に時間がかかる」

- 一般的なHI設計では
  メニューのデザイン
  ⇒メニュー項目を論理的な順番で並べる。
  ⇒選択肢をカテゴリでグループ分け、階層化。
  ⇒シンプルに見せる。
- Webページのメニュー項目の階層化
  広く浅いメニュー階層が良いか、
  狭く深いメニュー階層が良いかは、
  ユーザ、コンテンツ、ネット環境などを
  考慮した検討が必要。

Memo

下の HI に対してヒックの法則を用いて意思決定の時間を計算してみましょう。a = 200 ミリ秒、b = 150 ミリ秒の場合、左側の選択肢が 2 個のときは意思決定の時間が 350 ミリ秒、右側の 10 個に増えると約 698 ミリ秒になるのですが、選択肢が 5 倍でも選択に要する時間はおおよそ2倍にしかなっていません。メニュー項目を論理的順番に並べることがポイントになります。

Memo

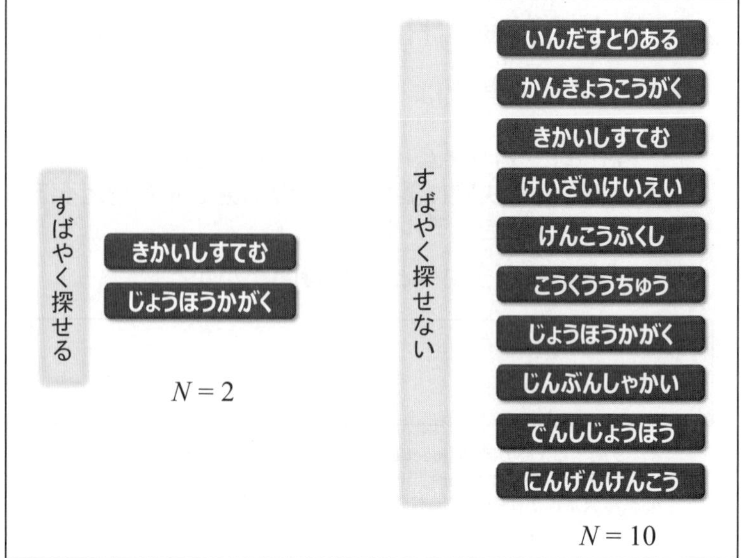

次は、フィッツの法則について見てみましょう。オハイオ大学の心理学者 ポール・フィッツが 1954 年に提唱した法則です。指、手、もしくはスタイラス（ペン状の器具）などを介して、ターゲットまでの移動に要する時間は、その移動距離とターゲットのサイズに関係性があるとした法則です。

Memo

3. フィッツの法則（Fitts' law ）

3.1 フィッツの法則とは

1954年にポール・フィッツ（Paul Morris Fitts）が提唱。手に持ったスタイラス（ペン状器具）の先端をターゲットにすばやく移動させるとき、

②＿＿＿＿＿＿＿＿＿＿＿＿＿＿＿＿

することを表したモデル。

$$MT = a + b \log_2(2D/W)$$

MT: 移動時間　　D: 移動距離　　W: ターゲットサイズ
a: ポインタ移動の開始・停止時間（計測データの近似により求められる）
b: ポインタの速度（計測データの近似により求められる）

困難度として $ID = \log_2(2D/W)$ とすると $MT = a + b\,ID$ となる。

<u>もともとは手の動きに関するモデル</u>

フィッツの法則は、もともとは手の動きに関するモデルでした。後にアラン・ウェルフォードにより改良がなされて、ポインティングデバイスでディスプレイ上のカーソルを動かす場合に適した形となりました。さらにスコット・マッケンジーにより、シャノンの情報理論に基づいて、二次元上における動きに適合するように拡張されました。

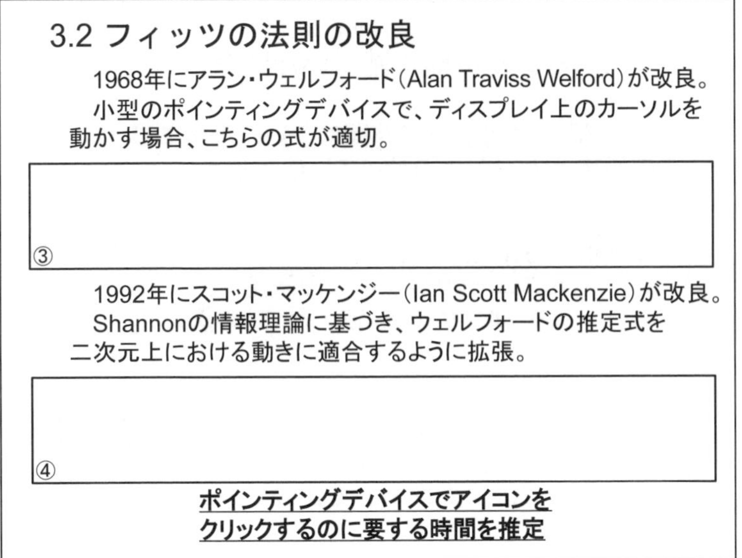

3.2 フィッツの法則の改良

1968年にアラン・ウェルフォード（Alan Traviss Welford）が改良。
小型のポインティングデバイスで、ディスプレイ上のカーソルを動かす場合、こちらの式が適切。

③

1992年にスコット・マッケンジー（Ian Scott Mackenzie）が改良。
Shannonの情報理論に基づき、ウェルフォードの推定式を二次元上における動きに適合するように拡張。

④

ポインティングデバイスでアイコンをクリックするのに要する時間を推定

Memo

フィッツの法則をまとめると、遠くのターゲットよりも近くのターゲットのほうがすばやく押せる（移動距離に関すること）、小さいターゲットよりも大きいターゲットのほうがすばやく押せる（ターゲットサイズに関すること）、ということを示しています。

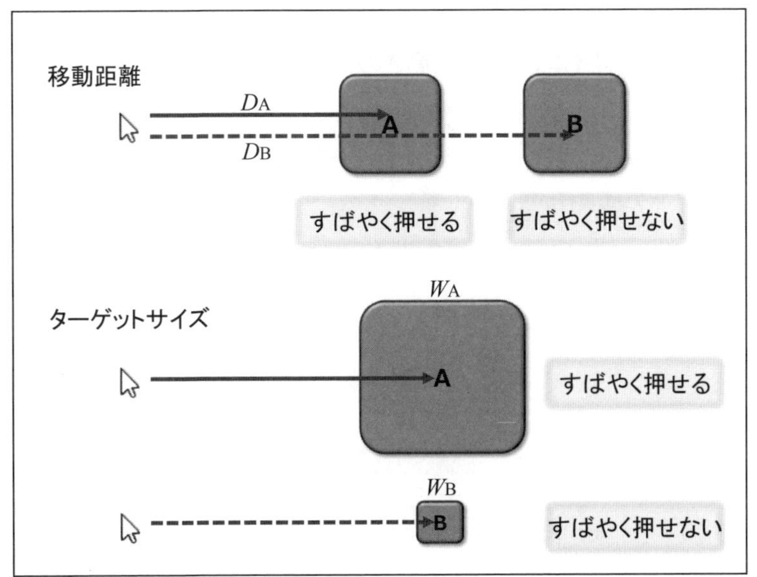

Memo

フィッツの法則に基づいて、HI 設計を考えてみましょう。メニュー項目やアイコンのサイズ（幅・高さ）の決定にフィッツの法則を利用できます。また、新しく開発したポインティングデバイスが、これまで用いられてきたマウスと比較してどの程度性能が優れているかを、フィッツの法則を用いて比較検証することができます。

Memo

3.3 フィッツの法則に基づいたHI設計

「ターゲットに移動する時間は、ターゲットまでの距離とターゲットのサイズに依存する」

●一般的なHI設計では
・メニュー項目サイズの決定
・アイコンサイズ（幅・高さ）の決定

●新しいポインティングデバイスの評価
既存ポインティングデバイスと
新しいポインティングデバイスの間で
フィッツの法則を用いて比較できる。

下のスライドのような「▶ご購入手続きへ」のボタンをクリックするとき、縦方向にカーソルを動かすのと、横方向にカーソルを動かすのでは、どちらがすばやくクリックできるでしょうか。なお、通常、カーソルはスクリーンの端よりも外へは移動できないので、スクリーンの端にあるターゲットはそのサイズにかかわらず、容易にクリックすることができます。

Memo

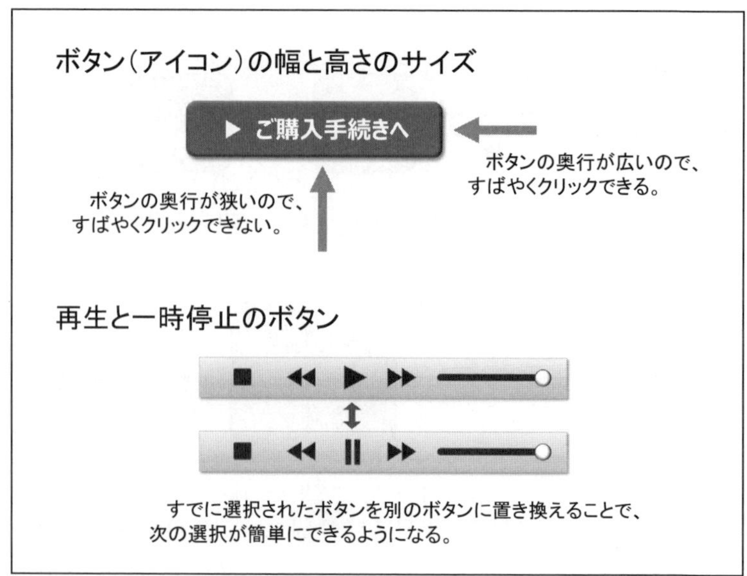

最後は、眼球運動解析についてです。HI を操作するとき、ユーザは必ず HI を見ています。逆に、見ていない（気づいていない）部分があれば、それを問題点として抽出することができる場合があります。ここでは、眼球運動を計測する装置、眼球運動を解析する手法について、概説します。

4. 眼球運動解析

眼球運動計測装置（視線計測装置、eye trackerともいう）を用いて、HIを利用するユーザの視線を記録して分析することで、HIの評価を行う。

ユーザが**「何を見たのか」**や**「何を見なかったのか」（気づかなかったのか）**がわかれば、視線データに基づいた効果的なHIの改善が可能になる。

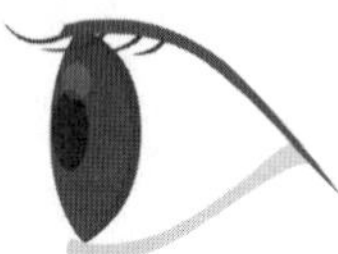

Memo

眼球運動を計測するための装置は、様々な形式のものが市販されています。モニタ型は、計測器とモニタが一体となっていて、比較的高精度で眼球運動が計測できる仕様になっています。取付け型は、例えばノート PC に取りつけて利用することができます。メガネ型は、ユーザが自由に体を動かしたり、歩き回ったりする状態で視線の計測が可能です。

4.1 眼球運動計測装置

モニター体型：Tobii Proスペクトラム

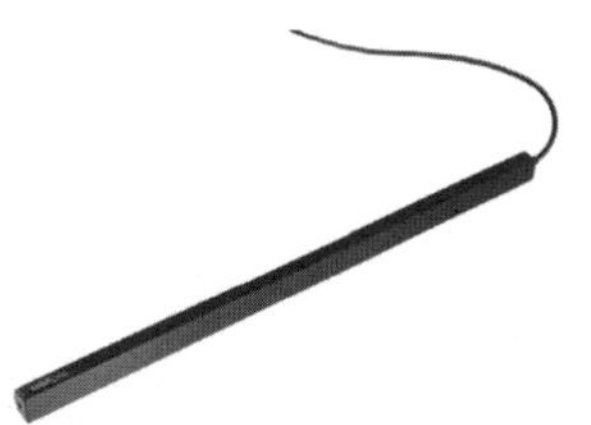

取付け型：Tobii Proフュージョン

メガネ型：Tobii Proグラス3

（提供：トビー・テクノロジー株式会社）

Memo

眼球運動を解析する手法も様々なものが提案されています。先の眼球運動計測装置で計測した眼球運動データを可視化する方法として、ヒートマップ、ゲイズプロットなどがあります。ヒートマップでは、視線の分布を色で表現し、ゲイズプロットでは、見た場所と順番を番号の書いた円で表し、その位置で見ている時間を円の大きさで表しています。

Memo

4.2　眼球運動解析の手法

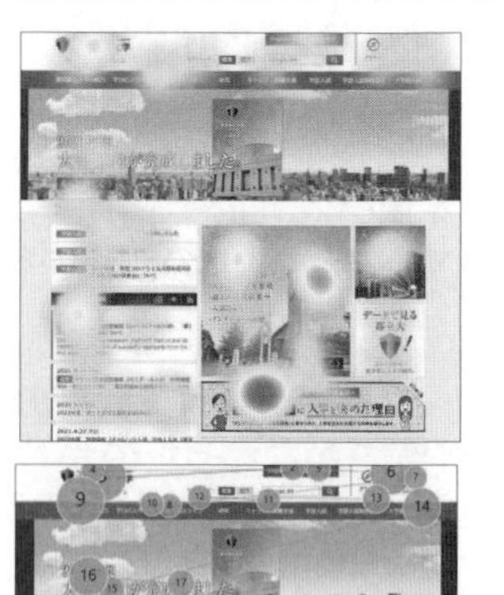

(1) ⑤＿＿＿＿＿＿＿＿
　回数や時間に応じて、
見ている場所の色を変化。
（緑⇒黄⇒赤）

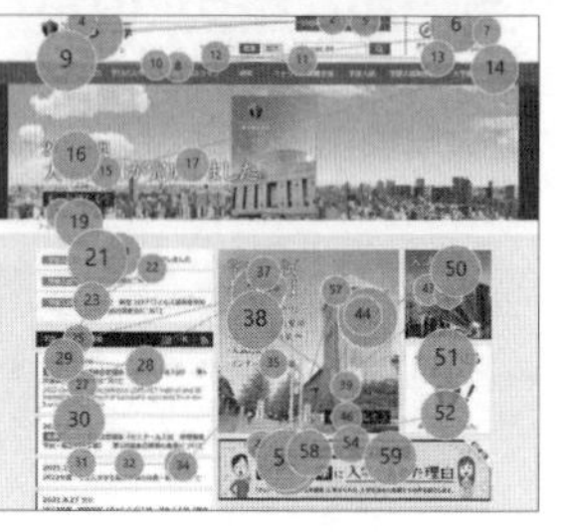

(2) ⑥＿＿＿＿＿＿＿＿
　見た場所（円の中心）、
見た順番（円内の番号）、
見た時間（円の大きさ）を表す。

解析を行いたいHIを、複数のエリア、すなわち興味関心領域（AOI：area of interest）に分割して、そのエリアに視線が入った時間や回数を解析の指標として用います。例えば、ユーザが、あるAOIを最初に注視するまでの平均時間を計測することで、どのくらい素早くHI上の要素に気づくか、ということを定量的に評価できます。

Memo

(3) ⑦＿＿＿＿＿＿＿＿
　興味関心領域。
　視覚刺激上にエリアを
設定し、そのエリアに対して
視線が入った時間や回数
など様々な指標を計測。

注：興味関心領域の外枠を太線で強調

最後に、フィッツの法則に関する演習課題をやってみましょう。皆さんが実際にやってみることで、フィッツの法則に対する理解がより深まると思います。ペン、紙、定規、ストップウォッチを用意してください。

演習課題（後半）

次のスライドの4条件1)～4)において、二つの円をアイコンだと思って、なるべく早くペンなどでタッチしてください。一つの条件で左→右を1回として、10回連続の繰り返しを1試行とします。

(1) 二つ円の中心間の距離〔mm〕
(2) 円の直径〔mm〕
(3) 1試行でかかった時間〔秒〕/19
（左→右を往路、右→左が復路とすると10回目の復路がありませんので、19で割ります。）

(1)がD、(2)がW、(3)がMTです。

1条件当り3試行してください（4条件×3試行＝12試行）。

Excelを使ってフィッツの法則の式の定数aとbを求めて、どのくらい法則どおりになったかを考察してみましょう。

Memo

今回の課題では、下のスライドの4条件1)～4)において、二つの円をアイコンだと思って、なるべく早く、そして正確に円の中央部分をペンでタッチしてください。左の円をタッチしてから右の円をタッチするまでを1回として、それを10回連続で繰り返します（1試行）。そのときにかかった時間を計測してみてください。各条件で3試行してください。

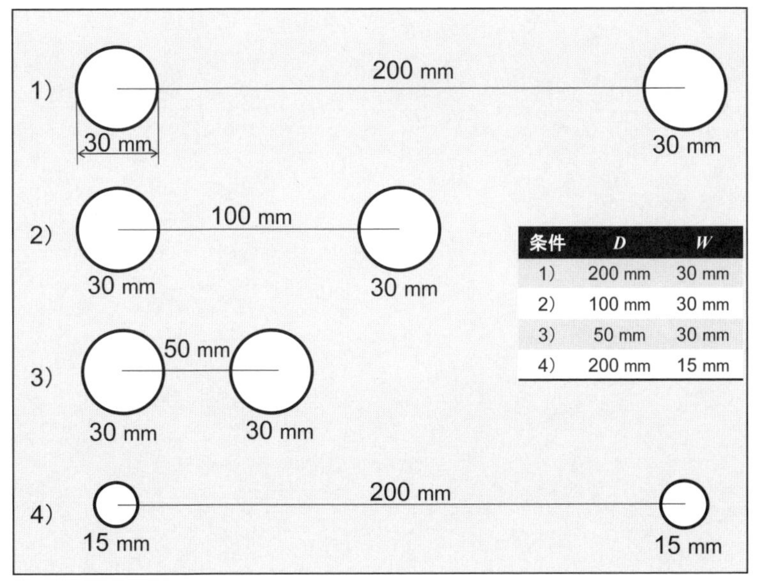

条件	D	W
1)	200 mm	30 mm
2)	100 mm	30 mm
3)	50 mm	30 mm
4)	200 mm	15 mm

Memo

フィッツの法則の式の定数 *a*, *b* は Excel の近似曲線を使って求めます。フィッツの提唱した式と、ウェルフォード、マッケンジーにより改良された式を使った場合で、どちらが当てはまりが良いでしょうか。検証してみましょう。

Memo

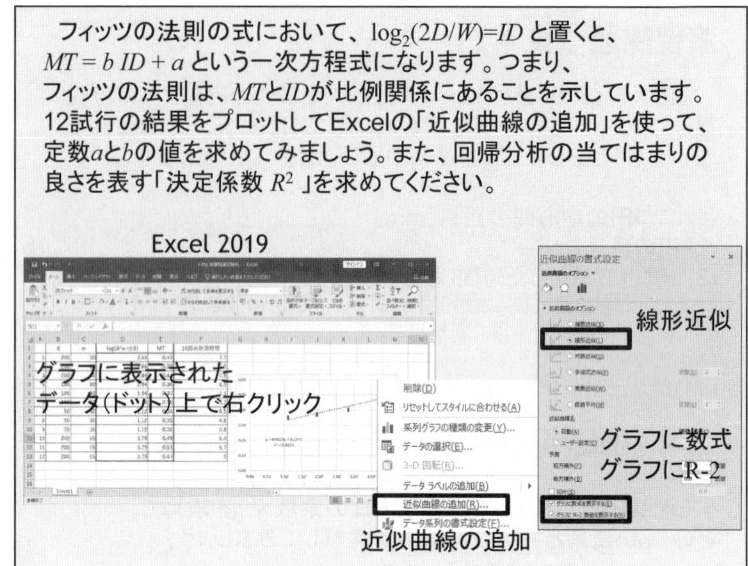

フィッツの法則の式において、$\log_2(2D/W)=ID$ と置くと、
$MT = b\,ID + a$ という一次方程式になります。つまり、
フィッツの法則は、MTとIDが比例関係にあることを示しています。
12試行の結果をプロットしてExcelの「近似曲線の追加」を使って、
定数aとbの値を求めてみましょう。また、回帰分析の当てはまりの
良さを表す「決定係数 R^2 」を求めてください。
Excel 2019
グラフに表示された
データ(ドット)上で右クリック
削除(D)
リセットしてスタイルに合わせる(A)
系列グラフの種類の変更(Y)...
データの選択(E)...
3-D 回転(R)...
データ ラベルの追加(B)
近似曲線の追加(R)...
データ系列の書式設定(F)...
近似曲線の追加
近似曲線の書式設定
線形近似
グラフに数式
グラフにR-2

テーマ 10
ヒューリスティック評価法

●本テーマで学ぶこと●

本テーマでは、分析的手法のヒューリスティック評価法において代表的なヤコブ・ニールセンの「ユーザビリティに関する 10 のヒューリスティクス」を取り上げます。

1. 分析的手法

HCI の定性的評価の手法は、分析的手法と実験的手法の二つに分けられます。まずは、それぞれの手法の特徴を比較してみます。次に、分析的手法の中からヒューリスティック評価法に着目して、どのような流れで実施するのか、その手順について説明します。

2. ユーザビリティに関する 10 のヒューリスティクス

ヒューリスティック評価法の中で代表的な手法として知られている、ヤコブ・ニールセンが提唱した「ユーザビリティに関する 10 のヒューリスティクス」について、詳しく説明します。本テーマの最後に、10 のヒューリスティクスを用いて、ある HI を評価する演習課題を用意しました。ぜひ、チャレンジしてみてください。

HCI の定性的評価は、経験に基づいて評価を行う分析的手法と、ユーザのデータに基づいて評価を行う実験的手法の大きく二つに分けられます。実験的手法についてはテーマ 12 で取り上げます。二つの手法において、評価対象の HI の評価をだれが行うか（専門家なのか、ユーザなのか）という点が大きく異なります。

Memo

1. 分析的手法

1.1　分析的手法と実験的手法の比較

（1）分析的手法 ・・・経験に基づいて評価

評価者：対象のHIを①＿＿＿＿＿＿が分析

代表的な手法：ヒューリスティック評価法
エキスパートレビュー

（2）実験的手法　・・・ユーザのデータに基づいて評価

評価者：製品やプロトタイプを②＿＿＿＿＿＿が操作

代表的な手法：ユーザテスト
アンケート調査

分析的手法と実験的手法の特徴を比較してみましょう。巻末の解答または解説 PPT を写してみてください。二つの手法では、どちらが有効でしょうか。特徴を比較している表からもわかるように、それぞれの手法はたがいの足りない部分を補い合っている、すなわち、たがいが補完関係にあるといえます。

Memo

特徴の比較

分析的手法	実験的手法
③＿＿＿＿的	⑦＿＿＿＿的
評価結果は④＿＿＿＿	評価結果は⑧＿＿＿＿
時間・コストは⑤＿＿＿＿	時間・コストは⑨＿＿＿＿
評価範囲は⑥＿＿＿＿	評価範囲は⑩＿＿＿＿
・設計初期段階で評価可能 ・評価者の質問に答える	・評価にプロトタイプが必要 ・ユーザの質問に答えない

どちらが有効か？→⑪＿＿＿＿＿＿＿＿

ヒューリスティック評価法について、詳しく見ていきましょう。まず、「ヒューリスティクス」は「経験則」と訳されます。これまでの経験則に基づいて、ある程度のレベルの HI の問題点が発見できるという考えに基づいています。次のスライドから、ヒューリスティック評価の手順を詳しく見ていきましょう。

1.2 ヒューリスティック評価法

ヒューリスティクスとは：⑫＿＿＿＿＿＿＿＿＿＿

ヒューリスティック評価の手順

ステップ1）評価者を集める

ステップ2）評価計画を立てる

ステップ3）評価を実施する

ステップ4）評価結果を取りまとめる

Memo

まずステップ 1）では、評価者を集めます。ヤコブ・ニールセンは、HI に存在するすべての問題点を 100 %としたとき、1 人の評価者では 35 %の問題点しか発見できないとしています。このことから、ヒューリスティック評価法においては、評価者は、3 ～ 5 人が適当であるとされています。このときの評価者には、HI の設計者自身を含めるのは適切ではありません。

ステップ1）評価者を集める

1人の評価者で⑬＿＿＿＿＿＿＿＿＿＿の問題点しか発見できない（ヤコブ・ニールセン（Jacob Nielsen））。

⑭＿＿＿＿＿＿＿＿＿＿の評価者が必要。

評価者の職種

・ユーザビリティエンジニア

・ヒューマンインタフェースデザイナ

（HIの設計者自身は適切ではない）

Memo

ニールセンは、発見される HI の問題点の数と評価者の人数の関係を次の公式にまとめました。HI の問題点を漏れなく見つけ出すには、この公式をもとに計算すると少なくとも 13 人の評価者でテストする必要があるといえるのですが、5 人の評価者による調査で問題点の 88 %が発見できることから、費用対効果を考えて 5 人が推奨される評価者の人数であるとされています。

Memo

発見される問題点の数と評価者の人数

ヤコブ・ニールセンの公式

⑮

N：HIに存在する問題点の総数（架空の値）

λ：（1人の評価者で発見できる問題点の数）/（HIに存在する問題点の総数）

i：評価者の人数

（例）$\lambda=0.35$，$i=5$のとき　⇒　$0.88N$

$N=100$と仮定すると、

「約88個」の問題が発見できると期待できる。

ステップ 2）では、評価計画を立てます。まずは、対象の HI のどの部分を評価するのかを検討します。続いて、どのヒューリスティクスを用いて評価するかを決定します。テーマ 8 の「HCI の設計原則」もこれに含まれます。続いてステップ 3）では、実際に評価を実施します。このとき、評価者は単独で評価を実施するということがポイントです。

Memo

ステップ2）評価計画を立てる

・HIのどこを評価するか？

・どのヒューリスティクスで評価するか？

✓ 難しい作業を単純にするための七つの原則
✓ UIデザインにおける八つの黄金律
✓ ISO 9241-110:2020「インタラクションの原則」
✓ ニールセンの10ヒューリスティクス
⋮

ステップ3）評価を実施する

・評価者は「単独」で評価を実施。

・インタフェースを少なくとも2度使ってみる。
1回目：システム全体像・操作フローをつかむ。
2回目：詳細、特定のインタフェース要素に注目。

・問題点をリストアップ。

ステップ 4）では、評価結果の取りまとめを行います。評価者全員によるミーティングを開催しますが、このミーティングでは、他の評価者の評価結果やコメントを否定しない、ということが重要になります。問題点を解決するための検討では、ブレインストーミングや KJ 法が用いられます。

ステップ4）評価結果を取りまとめる

・評価者全員でミーティングを開催。

・他の評価者の評価結果を否定しない。

⇒ 1人の評価者では得られない「幅広い問題点」が発見可能。
評価結果はすべて仮説。

問題点に対する解決案も検討する。
ブレインストーミング、KJ法などを利用。

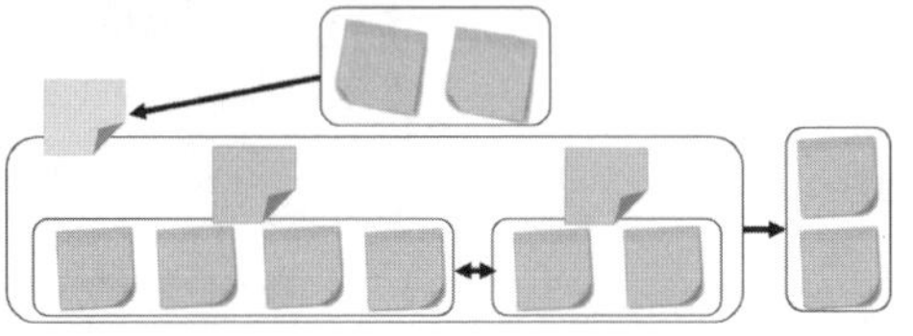

Memo

ヒューリスティック評価法の代表的な手法である、ヤコブ・ニールセンの「ユーザビリティに関する 10 のヒューリスティクス」を見ていきます。従来の HI に関するガイドラインでは、チェック項目が約 1,000 項目にも及んでいたものを、ニールセンは、10 のヒューリスティクスに絞り込んでくれました。次のスライドから詳しく見ていきましょう。

2. ユーザビリティに関する10のヒューリスティクス

ヤコブ・ニールセン
Nielsen Norman Group（NN/g）の共同経営者。

評価者が知識や経験に基づいて評価すると、基準があいまいなのでガイドラインを利用する。ガイドラインでは、チェック項目が通常 **約1,000項目** にも及ぶ。

ニールセンが⑯＿＿＿＿のヒューリスティクスを提唱

写真の出典：Doc Searls（https://www.flickr.com/photos/docsearls/224794947/）/
Wikimedia commons（https://commons.wikimedia.org/w/index.php?curid=1328081）/CC BY-SA 2.0

Memo

まずは、「システムの状態の視認性」です。システムは、つねにユーザに対して、いま何をしているのか、ユーザのインプットがどう解釈されているのかを適切にフィードバックする必要があります。また、システムの応答時間が1秒以上かかるときは、システムが処理中であるというフィードバックをするのが良いとされています。

Memo

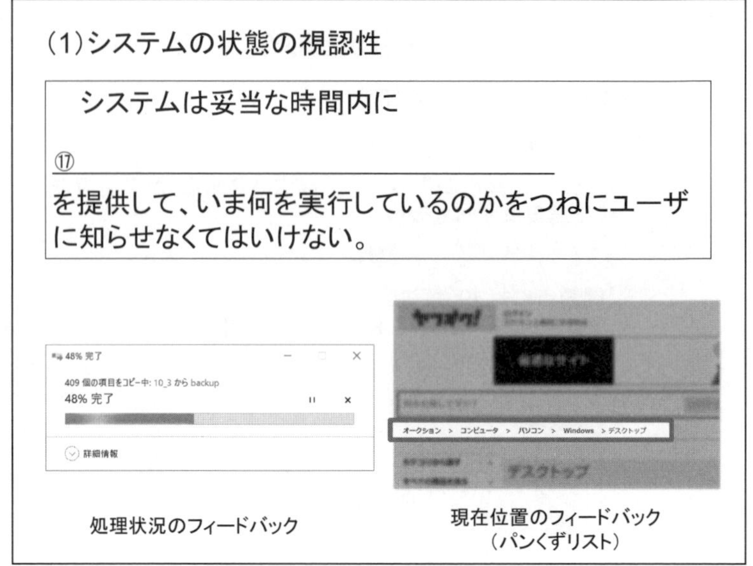

(1)システムの状態の視認性
システムは妥当な時間内に
⑰ ＿＿＿＿＿＿＿＿＿＿＿＿＿＿＿＿
を提供して、いま何を実行しているのかをつねにユーザに知らせなくてはいけない。
48% 完了
409 個の項目をコピー中: 10_3 から backup
48% 完了
詳細情報
オークション > コンピュータ > パソコン > Windows > デスクトップ
デスクトップ
処理状況のフィードバック
現在位置のフィードバック
(パンくずリスト)

二つ目は、「システムと実世界の調和」です。HIに用いられる用語は、ユーザにとってわかりやすい「ユーザの言葉」でなくてはなりません。また、ユーザは実世界のものに関する過去の経験をもとにして、HIがどのように機能するかというメンタルモデルを構築します。HIのデザインにおいても、実世界の慣習に従った形で設計する必要があります。

Memo

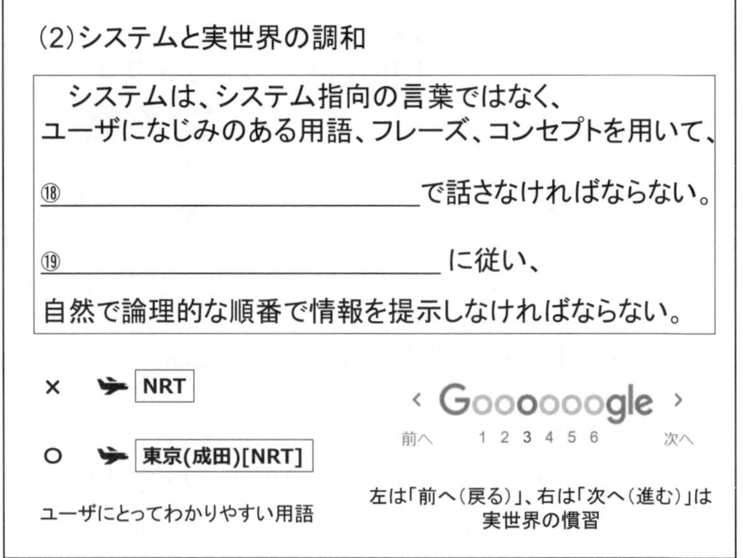

(2)システムと実世界の調和
システムは、システム指向の言葉ではなく、
ユーザになじみのある用語、フレーズ、コンセプトを用いて、
⑱ ＿＿＿＿＿＿＿＿＿＿＿＿で話さなければならない。
⑲ ＿＿＿＿＿＿＿＿＿＿＿＿に従い、
自然で論理的な順番で情報を提示しなければならない。
× NRT
○ 東京(成田)[NRT]
ユーザにとってわかりやすい用語
‹ Goooooogle ›
前へ 1 2 3 4 5 6 次へ
左は「前へ(戻る)」、右は「次へ(進む)」は
実世界の慣習

三つ目は「ユーザコントロールと自由度」です。システムは、ユーザがどんな状況からでも容易に抜け出せる方法（非常出口）を提供すべきです。これは、「取り消し」や「やり直し」といった機能で実現されます。またそれらの機能は、HI 上でつねに見えるようにしておくことが重要です。

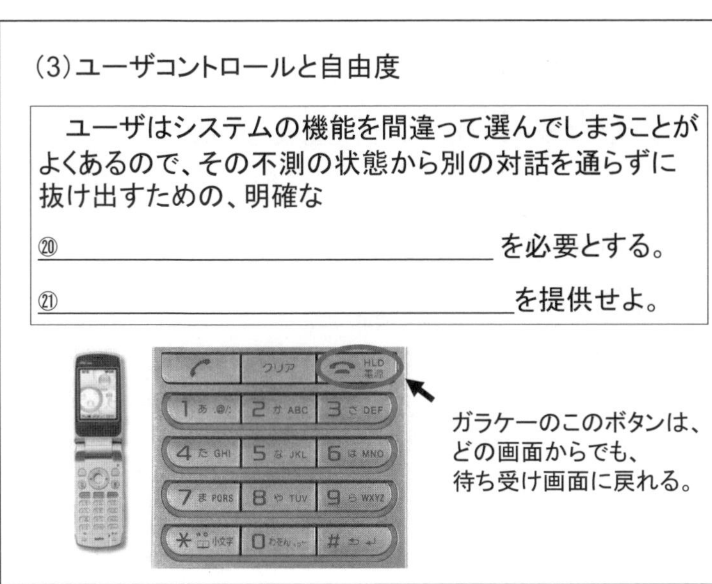

(3)ユーザコントロールと自由度
ユーザはシステムの機能を間違って選んでしまうことがよくあるので、その不測の状態から別の対話を通らずに抜け出すための、明確な
⑳＿＿＿＿＿＿＿＿＿＿を必要とする。
㉑＿＿＿＿＿＿＿＿＿＿を提供せよ。
クリア
ガラケーのこのボタンは、
どの画面からでも、
待ち受け画面に戻れる。

Memo

四つ目は「一貫性と標準化」です。ある Web サイトで、視覚的に各 Web ページの一貫性が保たれていることも重要ですが、他の多くの Web サイトで用いられているデザインのコンセプトを用いること（標準化）も重要です。プラットフォームとは、「共通の土台（基盤）となる標準環境」を指します。これにより、ユーザは少ない学習時間で操作できるようになります。

(4)一貫性と標準化
異なる用語、状況、行動が同じことを意味するかどうか、ユーザが疑問に感じるようにすべきではない。
㉒＿＿＿＿＿＿＿＿＿＿に従え 。
サイト内のデザインの一貫性

Memo

五つ目は「エラーの防止」です。HIにおいてエラーを起こしやすい状況は、すでに多くのパターンが知られています。ですから、ユーザがこのような状況に陥らないように、HIをデザインすることかできます。例えば下のスライドのように、パスワードやPINを変更する際は、新しいものを2回入力するようなデザインになっているものがありますね。

Memo

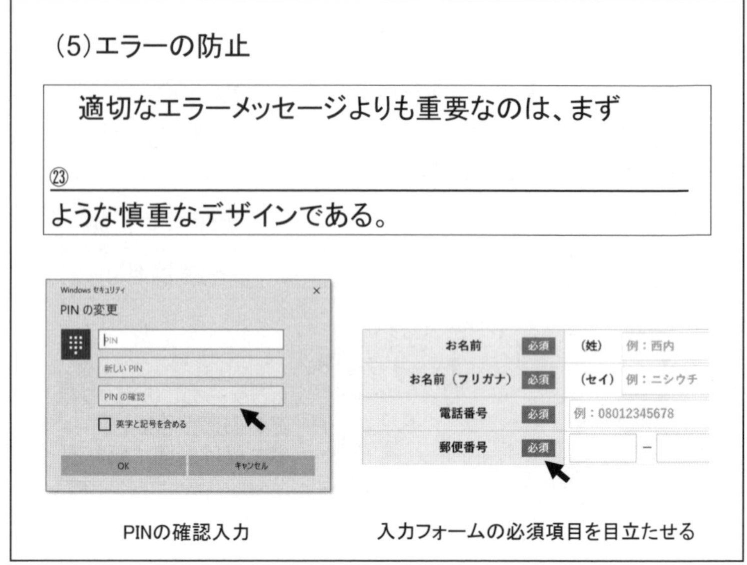

六つ目は、「記憶しなくても見ればわかるように」です。コンピュータはデータを正確かつ大量に記憶することが可能ですから、ユーザが記憶するという負担をできる限りコンピュータに肩代わりしてもらうということです。その際、どのように可視化したら良いのか、可視化の方法を検討することが重要になります。

Memo

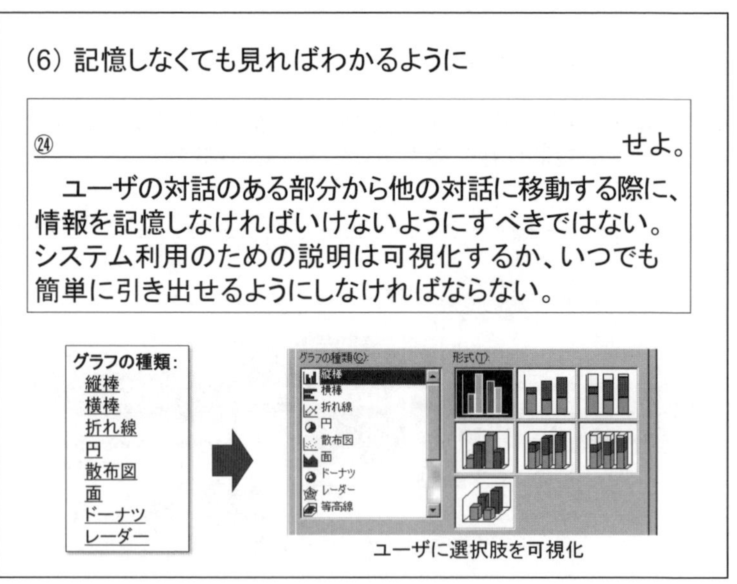

七つ目は、「柔軟性と効率性」です。HIを利用するユーザを、初心者、経験者、さらには上級者といった観点から見ることも重要です。システムには、ユーザが様々な方法でタスクを達成できるように柔軟性をもたせて、それぞれのユーザが独自に調節できるような機能を実現すること考えましょう。

(7)柔軟性と効率性

アクセラレータ機能(初心者からは見えない)は、上級ユーザの対話をスピードアップするだろう。そのようなシステムは、初心者と経験者の両方の要求を満たすことができる。ユーザが頻繁に利用する動作は、

㉕＿＿＿＿＿＿＿＿＿＿＿＿＿＿＿＿＿＿＿ようにせよ。

Google 検索オプション　ヘルプ | Googleについて
検索条件　すべてのキーワードを含む　10件ずつ　Google 検索
フレーズを含む
いずれかのキーワードを含む
キーワードを含めない
言語　検索の対象にする言語　すべての言語
ファイルタイプ　検索の対象にする　ファイル形式　すべての形式
日付　次の期間内に初めてクロールされたウェブページ:　指定なし
範囲　検索の対象にする箇所　ページ全体

検索オプション:上級者向け

Memo

八つ目は、「美的で最小のデザイン」です。良いHIを実現するためには、芸術的な観点からの検討も必要です。見た目が美しいHIは、ユーザの記憶に残ります。ただし、飾り立てた見た目よりも、明快さが優先されます。まずは、関連のない情報や、めったに必要としない情報を削除することから始めてみましょう。

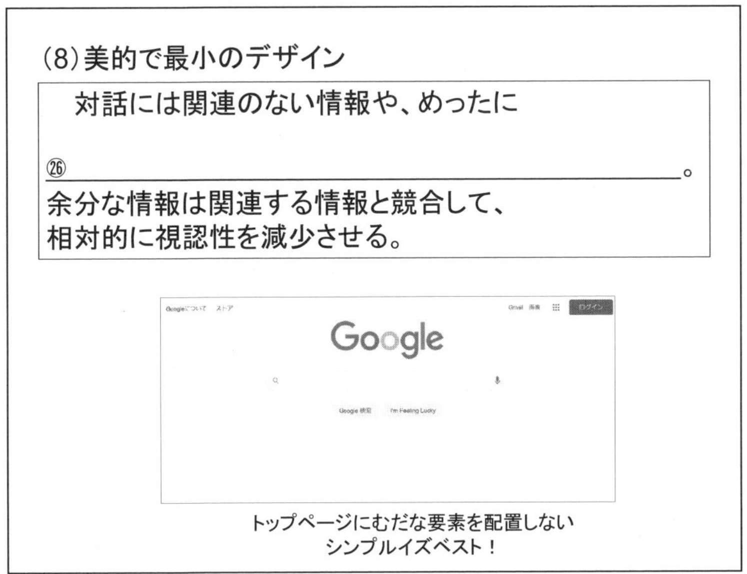

(8)美的で最小のデザイン
対話には関連のない情報や、めったに
㉖＿＿＿＿＿＿＿＿＿＿＿＿＿＿＿＿＿＿＿＿＿＿＿＿。
余分な情報は関連する情報と競合して、
相対的に視認性を減少させる。
Google
Google 検索
I'm Feeling Lucky

トップページにむだな要素を配置しない
シンプルイズベスト！

Memo

九つ目は「ユーザによるエラーの認識、診断、回復をサポートする」です。エラーメッセージについては、ユーザにとってわかりやすい言葉で表現する、問題を的確に示す正確な表現を用いる、問題に対する建設的な解決策を提案する、ということが重要なポイントです（シュナイダーマンは、「エラーメッセージは礼儀正しくなければならない」としています）。

Memo

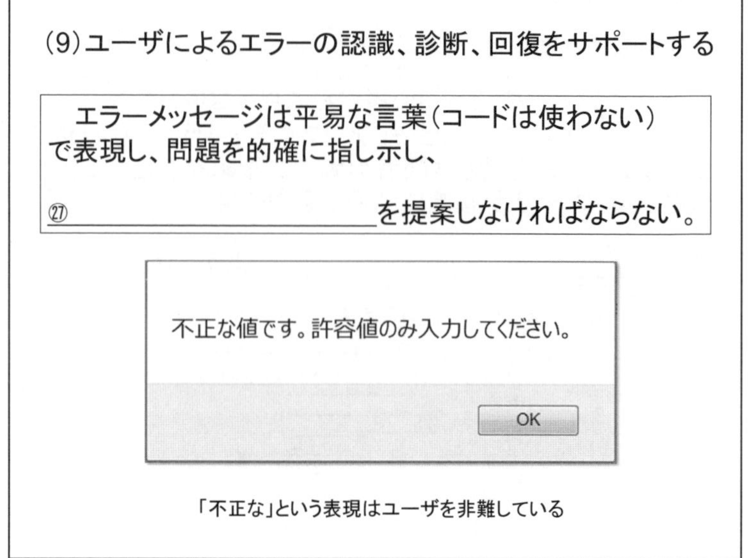

(9)ユーザによるエラーの認識、診断、回復をサポートする
エラーメッセージは平易な言葉(コードは使わない)で表現し、問題を的確に指し示し、
㉗＿＿＿＿＿＿＿＿＿＿を提案しなければならない。
不正な値です。許容値のみ入力してください。
OK

「不正な」という表現はユーザを非難している

最後は、「ヘルプとマニュアル」です。スマートフォンのアプリには、マニュアルなしでも使用できるものもありますが、ヘルプとマニュアルは用意すべきです。ただ用意すれば良いというものでもありません。読みやすく、わかりやすいヘルプやマニュアルが求められます。「ヘルプを見るためのヘルプ」が必要になるようではだめですね。

Memo

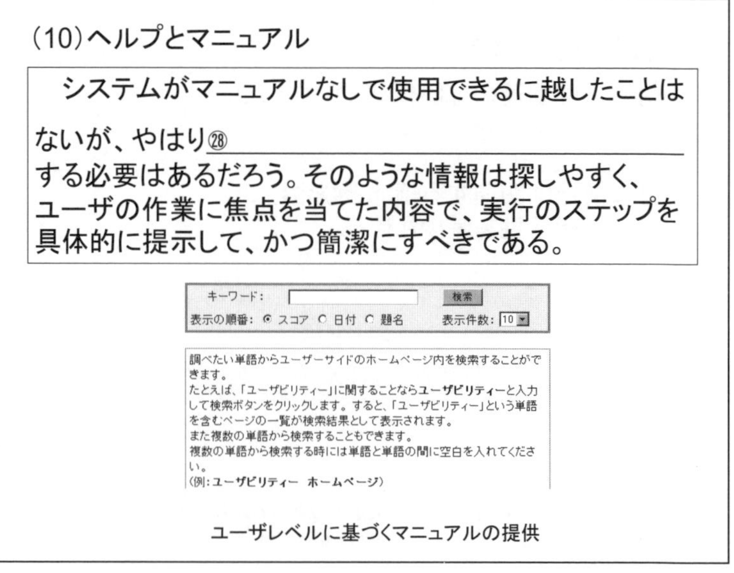

(10)ヘルプとマニュアル
システムがマニュアルなしで使用できるに越したことはないが、やはり㉘＿＿＿＿＿＿＿＿＿＿する必要はあるだろう。そのような情報は探しやすく、ユーザの作業に焦点を当てた内容で、実行のステップを具体的に提示して、かつ簡潔にすべきである。
キーワード：
検索
表示の順番：スコア　日付　題名
表示件数：10
調べたい単語からユーザーサイドのホームページ内を検索することができます。
たとえば、「ユーザビリティー」に関することならユーザビリティーと入力して検索ボタンをクリックします。すると、「ユーザビリティー」という単語を含むページの一覧が検索結果として表示されます。
また複数の単語から検索することもできます。
複数の単語から検索する時には単語と単語の間に空白を入れてください。
(例：ユーザビリティー　ホームページ)

ユーザレベルに基づくマニュアルの提供

それでは、ニールセンのユーザビリティに関する 10 のヒューリスティクスを使った、ヒューリスティック評価の演習を、下のスライドにある HI でやってみましょう。「外貨計算アプリ」というアプリケーションソフトの HI を対象とします。

演習課題

次のアプリケーションソフト「外貨計算アプリ」に対して
ヒューリスティック評価を行ってみましょう。

外貨計算アプリ

ISO通貨記号

計算結果

ISO通貨記号

Memo

下のスライドがソフトの操作方法です。実際の操作をイメージしてみてください。次のページには、ヒューリスティック評価の結果をまとめるシートを用意しました。10 のヒューリスティクスに慣れてもらうために、今回は、HI の問題点が何であるかを先に考えて、その後に問題点がどのヒューリスティクスに当てはまるか、という順番で考えてみましょう。

「外貨計算アプリ」は、二国間のその日の両替レートを表示するアプリケーションソフトです。PCの画面上には別ウィンドウで表示され、マウスとキーボードを使って、次の手順で操作します。

(1) 左上のテキストボックスに、手元にある通貨のISO通貨記号を入力し、画面左下のテキストボックスに、必要な通貨のISO通貨記号を入力(キーボード)。

* ISO通貨記号以外の入力があった場合
⇒エラーメッセージ「通貨データはありません」の小ウィンドウが表示される(右図)。「OK」をクリックすると小ウィンドウは閉じられ、入力した文字がリセットされる。

通貨データはありません

OK

(2)「計算結果」をクリック(マウス)。

* ISO通貨記号の入力がないままクリックされた場合
⇒警告音が鳴る。

(3) 右側の表示部に両替レートが表示。

例えば、「CHF」と「JPY」を入力して、「計算結果」をクリックすると、「120.25」と表示される。

Memo

ヒューリスティック評価　問題点リスト

番　号	要素、画面	問題点	ヒューリスティクス
1			
2			
3			
4			
5			
6			
7			
8			
9			
10			

テーマ 11 Web ヒューリスティクス

●本テーマで学ぶこと●

ここでは、テーマ10で説明したニールセンの「ユーザビリティに関する10のヒューリスティクス」では十分にカバーできていなかった、Web特有のポイントを押さえた五つの新たなヒューリスティクスについて説明します。

1. Webの基礎知識

   最初はWebの基礎知識として、Webの歴史、Webの仕組みなどについて、まとめてあります。

2. インタラクションデザインにおけるWeb特有のポイント

   Web特有のヒューリスティクスの説明に入る前に、インタラクションデザインにおけるWeb特有のポイントを押さえておきます。

3. Web特有のヒューリスティクス

   ニールセンの「ユーザビリティに関する10のヒューリスティクス」に加えて、マーク・ピーローが提唱した「Web特有のヒューリスティクス」をもとに、著者が一部改変した五つのWeb特有のヒューリスティクスについて、詳しく説明します。

まずは、Webの基礎知識について説明します。WWWはworld wide webの頭文字をとったもので「世界規模の蜘蛛の巣」と訳されます。世界規模で網目状に広がったネットワークを介してつながったコンピュータを利用して、様々な情報を公開したり、閲覧したりできる仕組みのことです。コンピュータの機種やOSに関係なく利用できることが大きなメリットです。

Memo

1. Webの基礎知識

WWW　(world wide web)とは
世界規模の蜘蛛の巣。

文書や画像、動画などを公開したり
閲覧したりできる仕組み。

たがいのもつ情報を相互に利用しあえるために、
コンピュータの機種やOSに関係なく
同じ形で情報が見られるように考えられている 。

Webは、欧州原子核研究機構の研究所内での論文閲覧システムとして考案されました。一般に公開されたのは1991年です。Webページを作成するためのマークアップ言語（文章を構造化するための言語）としてHTMLがありますが、HTMLが論文を書くことができる構成になっているのは、もともと論文閲覧システムとして利用されていたからですね。

Memo

Webの歴史

欧州原子核研究機構 の
ティム・バーナーズ＝リー
（Timothy “Tim” John Berners-Lee）が
所内の①＿＿＿＿＿＿＿＿＿＿＿＿として
1989年に考案。一般に広く公開されたのは1991年 。

1990年代初頭には、ブラウザで表示されるのは文字情報だけ。

1993年にMosaicという画像の表示ができるブラウザを開発。

1994年にMosaicの機能を大幅に拡張したNetscape Navigator。

1995年にInternet Explorerが登場。

（写真の出典：cellanr（https://www.flickr.com/photos/rorycellan/8314288381/）/
Wikimedia commons（https://commons.wikimedia.org/wiki/File:Tim_Berners-Lee_2012.jpg）
/CC BY-SA 2.0）

Web での情報のやり取りは、Web サーバと Web クライアント間で行われています。Web クライアントが Web サーバにリクエストを投げます。そして、Web サーバでリクエストを解析・処理してリクエストのレスポンスを作ります。最後に、Web サーバが Web クライアントにレスポンスを返すという流れになります。

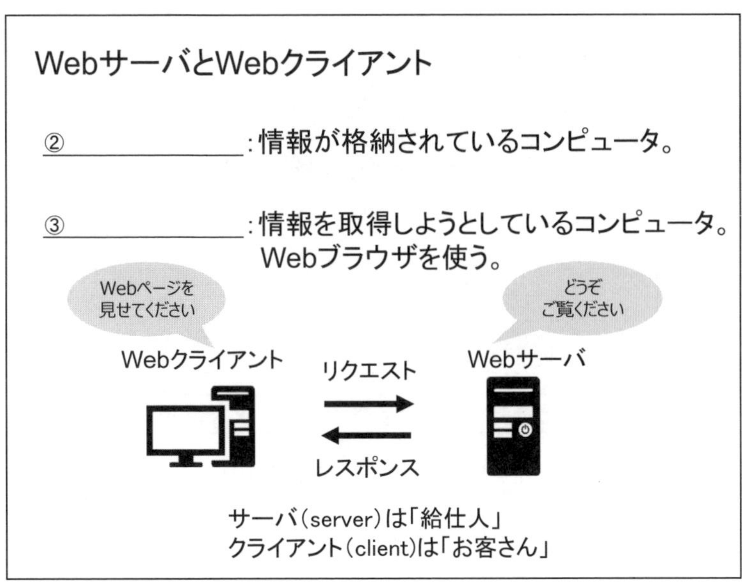

Memo

URL は、Web ブラウザで Web ページを表示する際に、おもに Web ブラウザの上部に表示されている文字列のことで、Web ページなどの場所を一意に表しています。URL はプロトコル名、ホスト名＋ドメイン名、パス名、ファイル名などが連なった構成で記述されています。

URL（uniform resource locator ）

インターネット上に存在する

④＿＿＿＿＿＿＿＿＿＿＿＿記述方式。

インターネットにおける情報の「住所」にあたる。

https://www.comp.sd.tmu.ac.jp/nishilab/index.html

- https　**プロトコル名**　・・・情報を転送する方式
- www.comp.sd.tmu.ac.jp　**ホスト名+ドメイン名**・・接続するサーバマシンの指定
- nishilab　**パス名（フォルダ）**　・・・情報が存在する場所
- index.html　**ファイル名**

Memo

現在は、ホームページとWebサイトは同じものだという認識が広まっているようですが、厳密にはホームページは、トップページだけを指しています。それ以外のページのことをホームページとは呼びません。正しくはWebページです。Webページが複数集まって構成されているものが、Webサイトですね。

Memo

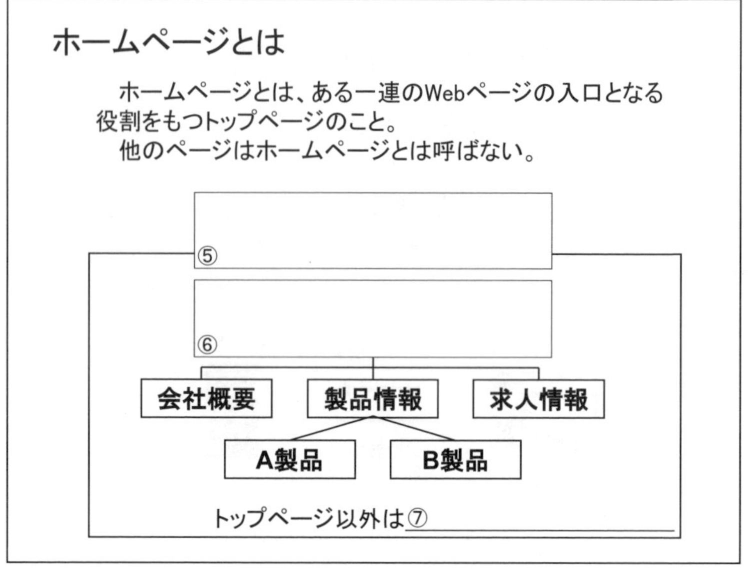

Web特有のヒューリスティクスの説明に入る前に、インタラクションデザインをするときに注意すべき、Web特有のポイントについてまとめます。

まずは、ユーザの環境です。特定のシステムやアプリと違って、ユーザがWebを閲覧する環境は様々です。具体的には、ハードウェア、ソフトウェアの観点で考えることができます。

Memo

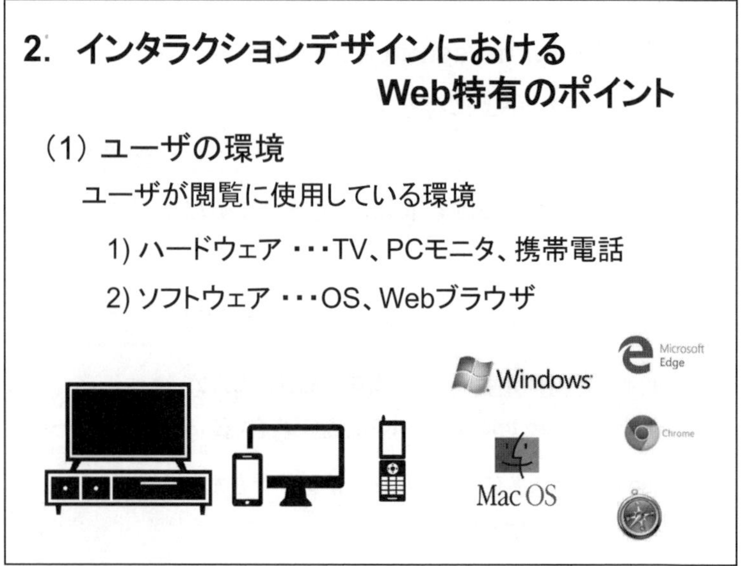

続いてユーザの能力です。専門的なシステムやアプリの UI を利用するユーザを考えるときは、特定のユーザグループが想定される場合が多いですが、Web は様々なユーザが利用します。様々なユーザが利用することを想定したインタラクションの設計が重要になってきますね。

(2) ユーザの能力

様々なユーザがWebを利用する

・聴覚に障がいのあるユーザ:
動画では字幕などの文字情報での内容説明

・視覚に障がいのあるユーザ:
文字サイズ変更可能に

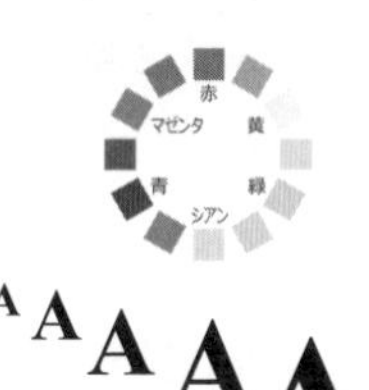

・外国人のユーザ:
言語選択

ユーザ独自のカスタマイズ
文字サイズ、色使い、ウィンドウサイズ、言語

Memo

三つ目は、設置・更新の容易性についてです。例えば、何か情報発信をするために、本を出版しようと考えたとき、大変な労力が必要になります。しかし、Web を使って情報を公開することは、知識さえあれば、簡単に、そしてすぐにできてしまいます。そのため、だれもが情報発信できるので、閲覧する側は情報の信頼性を見極めることが重要になってきます。

(3) 設置・更新の容易性

・設置が容易
⇒ <u>即時更新・公開可能</u>

・情報の信頼性
⇒ <u>情報が氾濫、信頼性に問題あり</u>

発信者情報、情報源を明示

Memo

四つ目のハイパーリンクは、HTMLで記述されたWebページにおいて、テキストや画像をクリックすると、URLで指定された別のページに移動できる仕組みのことです。また、スクロールは、Webブラウザにおいてウィンドウ内に収まりきらないWebページを、垂直または水平にスライドさせて表示する方法です。Webと関係のないHIでも用いられている方法です。

Memo

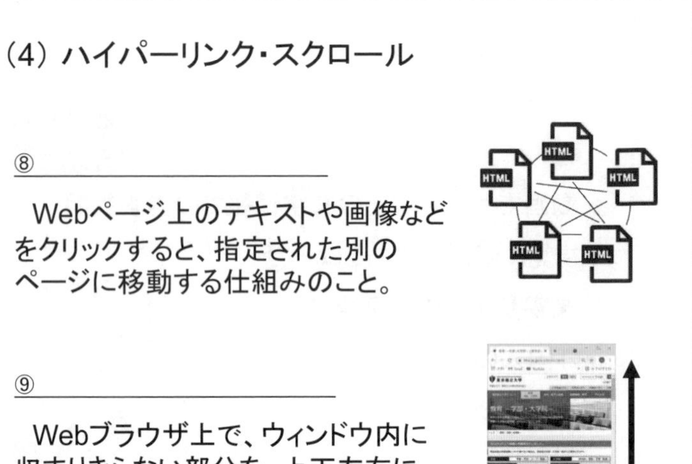
(4) ハイパーリンク・スクロール
⑧ ＿＿＿＿＿＿＿＿＿＿
Webページ上のテキストや画像などをクリックすると、指定された別のページに移動する仕組みのこと。
HTML
HTML
HTML
HTML
HTML
⑨ ＿＿＿＿＿＿＿＿＿＿
Webブラウザ上で、ウィンドウ内に収まりきらない部分を、上下左右にスライドして表示できる。

五つ目は、ユーザは一つのWebサイトに固執しないということです。製品やアプリのUIは、多少使いにくい状況があったとしても、我慢して使い続ける場合が多いですが、Webサイトの場合は、使いにくいとすぐに他のサイトに移動してしまう傾向にあります。使いにくい原因として、ユーザビリティの低さやダウンロード時間、応答時間がかかることが挙げられます。

Memo

(5) ユーザは一つのサイトに固執しない

・家電製品の場合

使えないのは**自分のせいと考え我慢強く使う**

・Webサイトの場合

我慢しないで⑩＿＿＿＿＿＿＿＿＿＿

原因は？

・ユーザビリティの低さ
・ダウンロード時間、応答時間がかかる

ニールセンの 10 のヒューリスティクスは、Web が世に公開される前に提唱されたものでした。そこで、マーク・ピーローは、Web 特有のヒューリスティクスを提唱しました。ここまでで、Web 特有のポイントについて見てきましたが、これらの内容に関連したヒューリスティクスが出てきます（本書では、著者が一部改変したものを説明します）。

3. Web特有のヒューリスティクス

1990年: ニールセンが「ユーザビリティに関する10のヒューリスティクス」を提唱。

1991年: Webが広く一般に公開。

ニールセンの10のヒューリスティクスには
Web特有の問題点が十分考慮されていない

マーク・ピーロー（Mark Pearrow）
「Webサイトユーザビリティハンドブック」において、
Web特有のヒューリスティクスを提唱。

（著者が一部改変したものを本テーマでは説明）

Memo

一つ目は「チャンク」です。チャンクは、テーマ 7 の短期記憶のところで説明しました。今回は、Web ページの HI デザインに適用しています。情報量の多い Web ページでは、ユーザに選択してもらう項目数が増えてしまいます。このとき、7 ± 2 チャンク以上の項目数になる場合は、グループ分けや階層化するのが有効です。

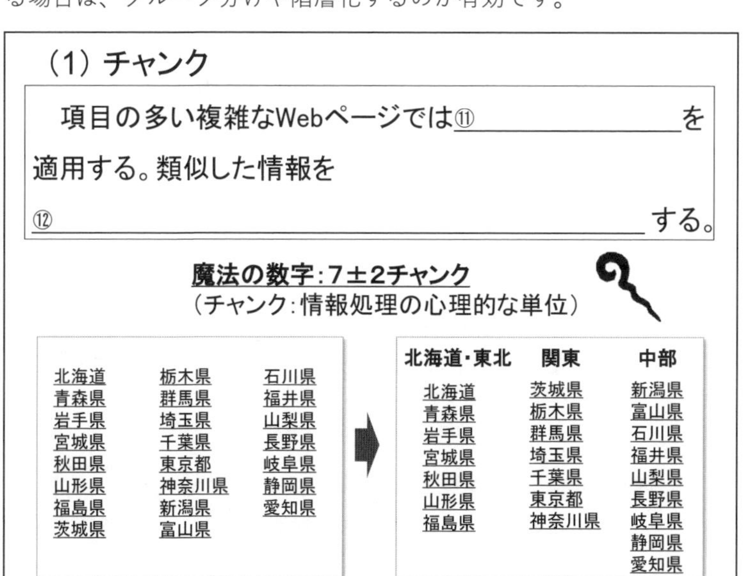

Memo

二つ目は「情報は逆ピラミッドで書く」です。ユーザによっては、ページ内のリンクをクリックしないで、次々に別の Web サイト（トップページ）に移動するケースがあります。Web サイトの入り口であるトップページは、ユーザにとって重要なページであることがわかりますね。トップページの重要な情報だけからサイト全体を把握することもでき、利便性も高くなります。

Memo

(2) 情報は逆ピラミッドで書く（ハイパーリンク）

一番重要な情報は⑬＿＿＿＿＿＿＿＿＿＿。

以降、重要度の高い順に階層的に書く。

ジャーナリストが重要度を決めるときの着眼点

1)インパクト（多くの人に影響を与える情報）
2)タイミング（最近起きた出来事）
3)卓立性（著名な人物、組織、企業など）
4)近接性（身近な場所、出来事）
5)衝突（意見を交わす、議論）
6)怪奇性（珍しい出来事、奇妙な出来事）
7)流布（人が話題にしているトピック）

三つ目は、「重要な情報はページ上部に配置する」です。これは、Web ページのスクロールと関係しています。これもユーザによっては、Web ページのスクロールをまったくしないというケースがあります。画面サイズにもよりますが、重要な情報はできるだけページの上部に配置するのが良いということです。

Memo

(3) 重要な情報はページ上部に配置する（スクロール）

重要な情報が⑭＿＿＿＿＿＿＿＿＿＿

されるようにする。

ユーザによってはスクロールしない

上下にスクロールしないユーザ
上下にスクロールできることに気づかないユーザ

機器によってはスクロールしにくい

上下左右のスクロールがしにくい機器

四つ目は、「ダウンロード時間と応答時間を短くする」です。モバイル機器を使って Web を閲覧するときは、これらの時間を考慮したデザインがいまでも求められます。Web サイトでは、これらの時間がかかってしまうと、ユーザは我慢せずに別のサイトに移動してしまうので、例えば商品販売を扱うサイトでは大きな問題になりますね。

(4) ダウンロード時間と応答時間を短くする

Webサイト内のグラフィック、マルチメディア効果を必要最小限に抑える。

ネイティブアプリケーションと比較すると、
Webページはインターネット環境に影響を受ける。

ダウンロード時間
インターネットの回線速度は飛躍的に上昇しているが、
モバイル機器ではいまでもダウンロード時間は問題。

応答時間
デザインが良く使いやすいHIであっても、
インタラクションのスピードが遅いと、ユーザは不満を感じる。

Memo

ピーローが提唱する Web 特有のヒューリスティクスの中に「情報を見つけやすいページを作る」がありますが、本書ではさらに考え方の範囲を広げて「Web アクセシビリティ」に変更しました。利用するユーザによって、アクセスする情報は異なります。だれもが Web を利用できるように配慮してインタラクションを設計することが重要です。

(5) Webアクセシビリティ

⑮ ＿＿＿＿＿＿＿＿＿＿＿＿＿＿配慮することが重要。

身体的能力
晴眼者でも、視覚障がい者でも
健聴者でも、聴覚障がい者でも
右利きでも、左利きでも
手足が自由に使えても、肢体が不自由でも
器用でも、不器用でも

知的能力
子供でも、大人でも、若者でも、高齢者でも
日本人でも、外国人でも
健常者でも、知的障がい者でも
専門家でも、素人でも

閲覧環境
PCでも、スマートフォンでも・・・レスポンシブデザイン

Memo

Web アクセシビリティでは、様々なユーザへの配慮だけでなく、様々な閲覧環境にも対応する必要があります。レスポンシブデザインとは、ユーザが使用するデバイスの画面サイズに応じて表示を最適化するデザインのことです。モバイル端末からの Web アクセスが今後も増加し、様々な画面サイズのタブレットも登場する中で、レスポンシブデザインは必須となっています。

Memo

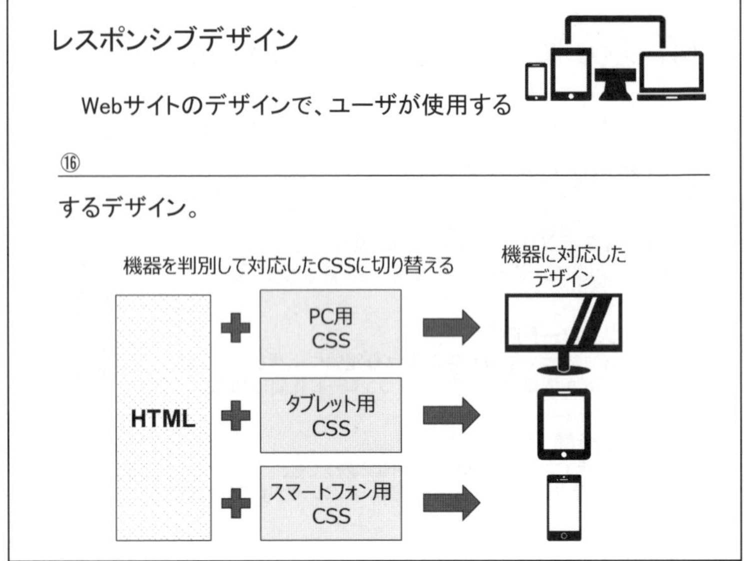

それでは、ニールセンのユーザビリティに関する 10 ヒューリスティクスと、Web 特有の 5 ヒューリスティクスを組み合わせて、実際にあった Web サイトを評価してみましょう。次のページは評価対象の Web サイトの詳細で、その次のページにチェックシートがあります。今回のチェックシートでは、すべてのヒューリスティクスをチェックする流れでやってみましょう。

Memo

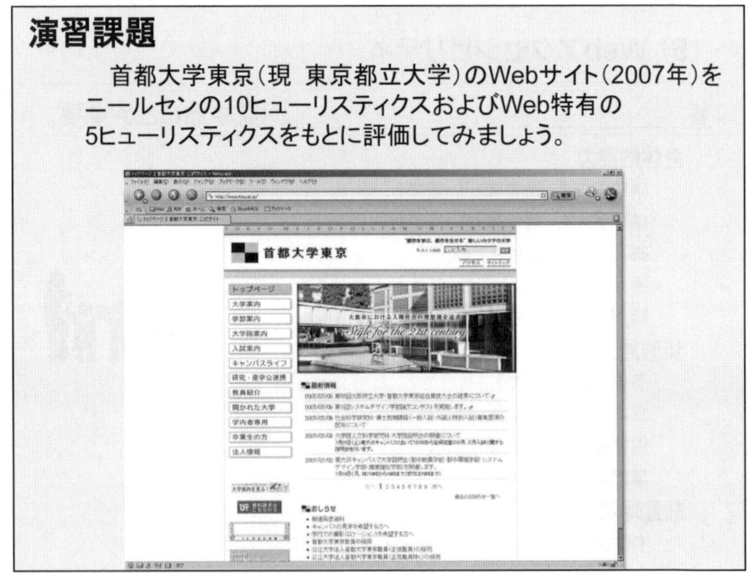

評価対象の Web サイト

↓トップページ

↓「大学案内」のページ

↓スクロール後に表示される部分

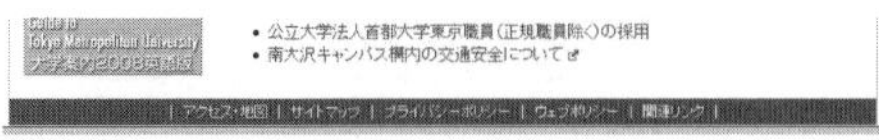

↓スクロール後に表示される部分

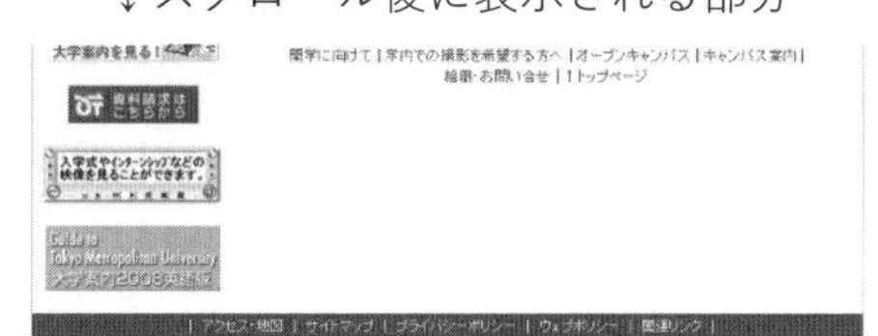

↓「サイト検索の結果」のページ

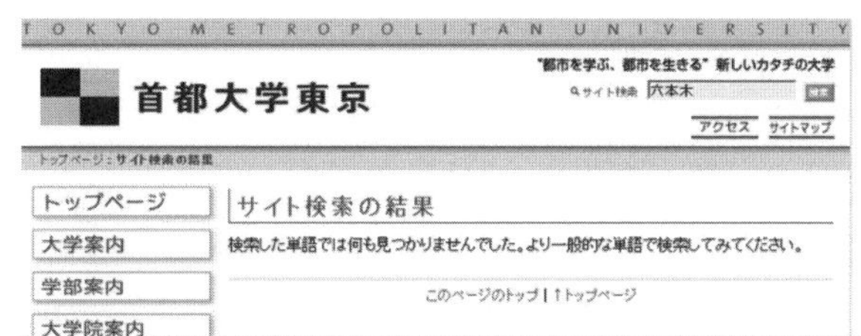

＊一般的なディスプレイのサイズ・解像度で表示したとする。

ニールセンの10ヒューリスティクス+Web特有の5ヒューリスティクスによる
評価チェックリスト（127ページの内容から評価できないものはスキップしてください）

番　号	ヒューリスティクス	評　価
1	システムの状態の視認性 フィードバック	
2	実世界との調和 ユーザの言葉	
3	ユーザコントロール 出口を明らかに	
4	一貫性と標準化	
5	エラーの防止	
6	記憶負荷を最小限に	
7	柔軟性 ショートカット	
8	美的で最小のデザイン	
9	エラーのサポート	
10	ヘルプとマニュアル	
(1)	チャンク	
(2)	重要情報は トップページに	
(3)	重要情報は ページ上部に	
(4)	ダウンロード時間 と応答時間を短く	
(5)	Webアクセシビリティ	

テーマ 12
ユーザテスト

●本テーマで学ぶこと●

本テーマでは、実験的手法のユーザテストを取り上げます。特に、ペーパープロトタイピングについて詳しく説明します。

1. 実験的手法

   HCI の定性的評価の手法は、二つに分けられることをテーマ 10 で触れました。ここでは、二つ目の実験的手法を説明します。実験的手法の代表的な手法であるユーザテストを取り上げて、その手順について詳しく見ていきます。

2. プロトタイピング

   ユーザテストで用いられる一つの手法にプロトタイピングがあります。さらに、プロトタイピングの中でも、紙のプロトタイプを用いる手法（ペーパープロトタイピング）について、構成メンバ、メリット、ペーパープロトタイプの作成方法について詳しく説明します。

実験的手法の代表的な手法として、ユーザテストがあります。テーマ 10 で分析的手法との比較を行いましたが、評価対象の HI やプロトタイプを、ターゲットとするユーザに実際に利用してもらうところが大きく異なります。ユーザテストの対象となるものは、下に示すように、HI に限らず様々なものが対象となります。

Memo

1. 実験的手法

1.1 ユーザテスト

実際の製品やプロトタイプなどを、

① ＿＿＿＿＿＿＿＿＿＿＿＿に利用してもらい、
その過程を観察・記録することで、HIを検証できる。

ユーザテストの対象

- ・PCや家電製品
- ・ソフトウェアやWeb
- ・機器のセッティングの仕方
- ・マニュアルのわかりやすさ
- ・事務用品の使いやすさ
- ・容器の開封のわかりやすさ

ユーザテストの手順を見てみましょう。これもテーマ 10 で出てきたヒューリスティック評価法と比べてみてください。実際にテスト参加者を集めてテストを行いますので、実施場所や録音・録画機材の準備も必要になります。時間もコストもかかりますね。

次のスライドからは、ユーザテストの手順の各ステップを詳しく説明していきます。

Memo

1.2 ユーザテストの手順

ステップ1）テスト環境、録音・録画機材を準備する

ステップ2）テスト参加者を集める

ステップ3）タスクを検討する

ステップ4）ユーザテストを実施する

ステップ5）テスト結果を取りまとめる

まずは、テスト環境や機器の準備をします。ユーザビリティラボは、ユーザテストを実施する特別な部屋です。テスト参加者がHIやプロトタイプを操作している様子を別室から観察することができ、録音・録画の機材も揃えています。録音・録画機材だけを集めて、適当なサイズの部屋を簡易的なユーザビリティラボとしてユーザテストを実施することもできます。

ステップ1) テスト環境、録音録画機材を準備する

- ユーザビリティラボの利用
- 録画・録音機材、操作記録ツールの利用
- 観察者による記録

簡易的なユーザビリティラボ
（東京都立大学 西内研究室）

ユーザテストスタジオ（レンタル）
（提供：株式会社ミツエーリンクス）

Memo

次に、テスト参加者を集めます。評価対象のシステムや製品のテスト内容に応じて、ターゲットユーザに近い一般的な属性（性別、年齢、家族構成など）や、対象機器に関連した属性（類似機器の利用経験など）をもつ人に協力してもらう必要があります。実際にテスト参加者を集める方法は、Webで募集を呼びかけたり、リクルーティング業者に依頼したりします。

ステップ2) テスト参加者を集める

対象製品や調査の目的に合わせて、優先すべき属性を決める。

その属性を選んだ理由を明らかにし、その妥当性を記述しておく。

一般的な属性

性別、年齢、家族構成、学歴、職業、収入など

対象機器に関連した属性

類似機器の利用経験、趣味など

➡ テスト参加者の募集、リクルーティング業者に依頼

Memo

ユーザテストの参加者の人数は、テーマ 10 で出てきたヤコブ・ニールセンの公式を利用します。ヒューリスティック評価法においても評価者の人数を決めるのに、この式を用いました。評価者が専門家でも、ユーザでも、人数は同じで 5 人が目安となります。

Memo

ユーザテスト参加者の人数

ヤコブ・ニールセンの公式

$$Found(i) = N(1-(1-\lambda)^i)$$

N：HIに存在する問題点の総数（架空の値）

λ：（1人の評価者で発見できる問題点の数）/（HIに存在する問題点の総数）

i：評価者の人数

ヒューリスティック評価法と同じ公式を利用。

ユーザテスト参加者の人数は②＿＿＿＿＿＿＿＿。

続いて、タスクを検討します。タスクシナリオは、テスト参加者にやってもらうタスクをできるだけ詳細にまとめたものです。実際のシステムや製品は様々な使い方がありますが、ユーザテストでは、限られたタスクしかテストすることができませんので、主要なタスクに絞り込むための検討が必要になります。

Memo

ステップ3）タスクを検討する

1）課題（タスクシナリオ）を作成する

設計者が課題を詳細に記述

課題番号　1：拡大コピーをする	
完了操作	印刷開始(スタート)ボタンを押す。 「コピーしています」の表示確認。
前提条件	・電源はすでにONになっている。
操作手順	・部数の設定 ・出力用紙の設定 ・用紙トレイの設定（必要であれば） ・拡大倍率の設定 ・印刷開始ボタンを押す
所要時間	1分
メモ	倍率設定機能の確認

次にユーザの指示シートを作成します。必要な情報を口頭で伝えるよりも、印刷したものを渡して読んでもらったほうが確実です。ユーザテストを実施する前に、リハーサル（パイロットテスト）を行って、テスト内容を検証しておくのも良いでしょう。また、事前インタビュー、事後インタビューを行う場合は、それらの準備も必要になります。

2) ユーザへの指示シートを作成する

印刷した指示シートをユーザに読んでもらってからタスクを実行してもらう。
ポイント：手順は伝えずに、目的だけを伝える。

悪い例：

1. 東京都立大学のトップページの「入学希望の方へ」をクリック。
2. 次に「資料請求」をクリック。
3. 次に「テレメールで資料請求」をクリック。
4. 最後に「東京都立大学大学案内」を選択してから「次に進む」ボタンを押す。

………………

良い例：

東京都立大学のWebサイトで、大学案内を送付してもらう手続きをしてください。

Memo

実際に、ユーザテストを実施します。このとき、思考発話法という手法を用います。テスト参加者がタスクを行っているときに思ったことを声に出してもらう、という方法です。人によっては、この方法に抵抗を感じることがあるので、事前に慣れてもらうための練習をするのが良いでしょう。

ステップ4) ユーザテストを実施する

③＿＿＿＿＿＿＿＿＿＿（シンキングアラウド）

タスクを行っているときに

④＿＿＿＿＿＿＿＿＿＿＿＿＿＿＿＿＿＿
ように、テスト参加者にあらかじめ指示する。
（テストの状況は録音または録画する）

テスト参加者が混乱している状況、
スムーズに操作できていない状況、
テスト参加者の先入観、エラーなどを発見できる。

Memo

最後は、テスト結果の取りまとめです。このステップでは、発話プロトコル分析が用いられます。テスト参加者の発話内容（発話プロトコル）と、操作している画面や行動の録画を組み合わせて分析します。さらに、発話プロトコル分析の結果を受けて、ブレインストーミングやKJ法を用いて解決案を検討していきます。

Memo

ステップ5）テスト結果を取りまとめる

⑤＿＿＿＿＿＿＿＿＿＿＿＿＿＿＿

　ユーザテストで得られた、発話内容を時系列にまとめたものを発話プロトコルという。

　発話プロトコルと、操作している画面や行動の録画を組み合わせることで、HIがどのように認知されているか分析。

ブレインストーミング、KJ法により解決案を検討。

続いて、ユーザテストで用いられる、プロトタイプについて見ていきましょう。プロトタイプとは、一般的には「試作品」と訳されますが、HI評価においては、「試用品」とするほうがしっくりきます。なお。プロトタイピングは方法論的な内容やプロセスを指していて、プロトタイプは制作された物自体のことを指します。

Memo

2. プロトタイピング

2.1 プロトタイプとは

一般には⑥＿＿＿＿＿＿＿＿⇒「動くかどうか試しに作ってみる」

HI評価では⑦＿＿＿＿＿＿＿＿⇒「ユーザに試しに使ってもらう」

ロボットの試作品

携帯アプリの試用品

プロトタイプは忠実度の観点から、大きくローファイとハイファイに分けられます。ローファイは細かい点は気にしない大雑把なつくりの HI で、ハイファイは本物そっくりの HI の構成になっています。両者の中間として、中忠実度のプロトタイプもあります。

ローファイとハイファイ

プロトタイプは、本物のインタフェースとの忠実度（近似度）によって分けられる。

・低忠実度：⑧＿＿＿＿＿＿＿＿（low-fidelity）：大雑把

・高忠実度：⑨＿＿＿＿＿＿＿＿（high-fidelity）：本物そっくり

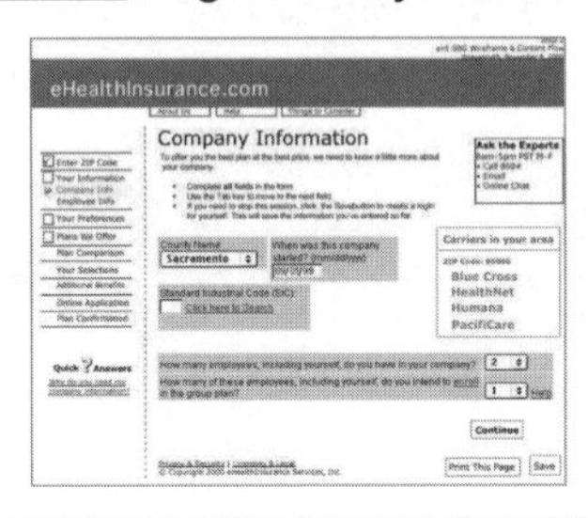

Memo

プロトタイプを作成するとき、すべての機能を再現する必要はありません。どのレベルで再現するかによって区別されています。Web サイトで例えると、水平プロトタイプはトップページだけが再現されている、垂直プロトタイプはある機能だけがゴールまで到達できるようになっている、T プロトタイプは両者が組み合わさっているプロトタイプになります。

プロトタイプの種類

⑩＿＿＿＿プロトタイプ：機能レベルを落とす。

⑪＿＿＿＿プロトタイプ：機能数を減らす。

⑫＿＿＿＿プロトタイプ：ユーザが目標を達成できる最小限の機能数と機能レベルの組合せ。

機能数
水平プロトタイプ
垂直プロトタイプ
完全なシステム
機能レベル

Memo

プロトタイピングの中でも、HI評価でよく用いられるペーパープロトタイピングについて詳しく見ていきましょう。名前のとおり、紙製のプロトタイプを用います。ユーザ（テスト参加者）が紙製のHIに書かれたボタンやリンクを指でタッチすると、コンピュータ役の人が紙芝居のように対応した画面の紙に差し替えるというものです。

Memo

2.2 ペーパープロトタイピング

ユーザテストにおいて、ユーザを代表する人物が、

課題を⑬＿＿＿＿＿＿＿＿＿＿＿＿で実行する。

この紙製のインタフェースは「コンピュータ役」によって操作される。

評価対象はHIをもつすべてのもの。

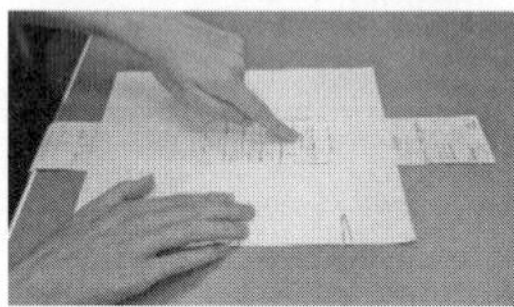

ユーザがリンクをタッチ

コンピュータ役が画面差替え

プロトタイプの制作ツールは様々なものがあります。ペーパープロトタイプと他の制作ツールを比較してみると、見栄えは他のツールに比べてやや劣りますので「低〜中」、インタラクションも十分とはいえませんので「低」、HIの階層的な構造（深さ）の再現性については、他のツールに引けをとらず「中〜高」といえます。

Memo

プロトタイプの制作ツール

- 紙（ペーパープロトタイプ）
- PowerPoint（スライドショー）
- Dreamweaver（動作バージョン）
- Photoshop

制作ツールによる違い

制作ツール	見栄え	インタラクション	深さ（垂直プロトタイプ）
ペーパープロトタイプ	⑭	⑮	⑯
スライドショー	中〜高	中	低〜中
動作バージョン	中〜高	高	低〜高

ペーパープロトタイピングの構成メンバは、ユーザ（テスト参加者）、進行役、コンピュータ役、観察者です。進行役はセッションを進行させるので、ユーザビリティ活動の経験者が良いとされています。コンピュータ役の人は、ユーザからの HI に関する質問には一切答えないということがポイントです。コンピュータ役、観察者は複数人になる場合もあります。

ペーパープロトタイピングの構成メンバ

ユーザ(テスト参加者)：ペーパープロトタイプを用いて課題を実行。

進行役：セッションを進行させる。

コンピュータ役：紙を動かしてHIの動作をシミュレート。ユーザに説明はしない。設計に直接関わる人が行う。

観察者：セッションの経過を記録。

Memo

ペーパープロトタイピングのメリットをまとめます。まず、開発プロセスの早い段階でユーザからのフィードバックを多く得られます。また、ペーパープロトタイプを壊してまた作るといった反復型開発が可能です。さらに、技術的なスキルが必要ないので、HI のコードを 1 行も書かないで HI の評価ができてしまいます。

ペーパープロトタイピングのメリット

- 開発プロセスの早い段階で⑰＿＿＿＿＿＿＿＿＿＿を多く得られる。
- 速やかな⑱＿＿＿＿＿＿＿＿＿＿が可能。速く、低コスト。多数のアイデアを試すことができる。
- ⑲＿＿＿＿＿＿＿＿＿＿
- 開発チーム内、顧客とのコミュニケーションが活性化。
- 製品開発プロセスにおいて創造性が向上。

Memo

ここからは、実際にペーパープロトタイプを作成する方法を紹介します。大きな流れとして、まず背景の作成を行い、続いて画面内の部品を作成します。最後に、背景と部品を組み合わせます。ペーパープロトタイプを作るときに使うものは、紙、ハサミ、ペン、はがせるテープ、付箋（せん）（はがれやすくなるので注意）などです。

Memo

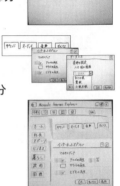

2.3 ペーパープロトタイプの作成

(1) 背景の作成

HIにおいてグラフィックスが変化しない部分（スマートフォンのフレーム枠、物理的なボタンなども含む）

(2) 部品の作成

HIにおいてグラフィックスが変化する部分（スマートフォンでは画面全体）

(3) 背景と部品の組合せ

背景の上に部品を適宜配置

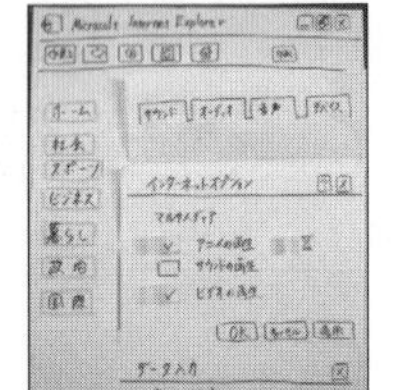

背景の紙には、少し厚手の画用紙などを使うと扱いやすいかもしれません。背景には、HIにおいてグラフィックスが変化しない部分（物理的なボタンなど）を書きます。背景を用意することで、異なる画面ごとに何度も同じ部品を書く必要がなくなります。スマートフォンやタブレットであれば、写真からフレーム枠部分だけを切り取って用いることもあります。

Memo

(1) 背景の作成

・ソフトウェアアプリケーションの背景（パワーポイント）

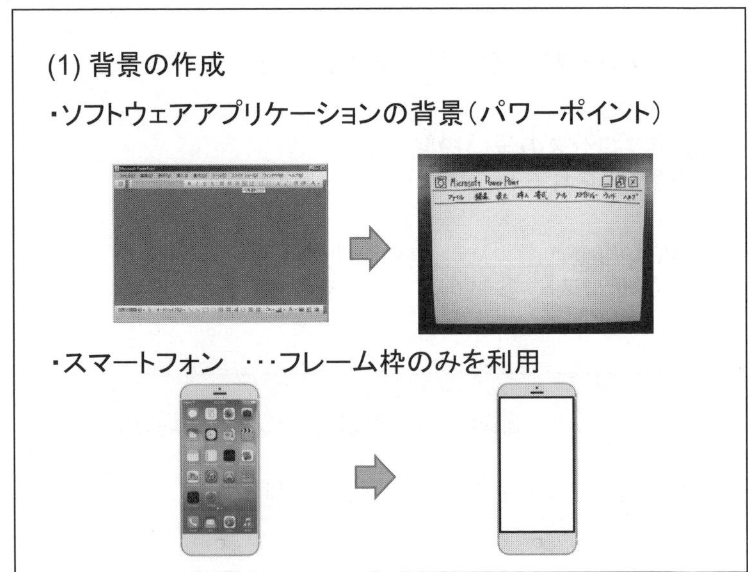

・スマートフォン　…フレーム枠のみを利用

次に、部品の作成です。いくつかの例を紹介します。チェックボックスは、ユーザが選択したボックスに、チェックを書いた付箋を貼りつけます。ラジオボタンもほぼ同様です。タブ付きのダイアログボックスは、もともとインデックスカードを何枚か重ねた状態を模していますので、そのままインデックスカードを使うか、タブ部分だけを分割して用います。

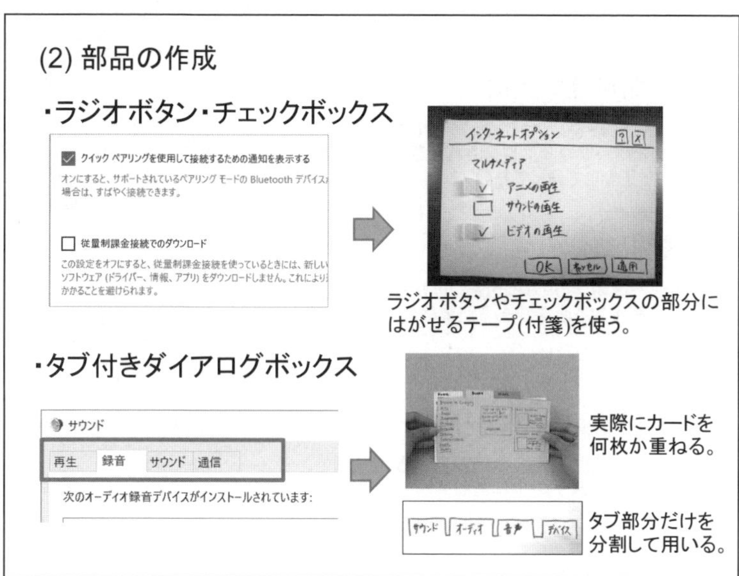

Memo

入力フィールドは、はがせるテープや付箋を貼っておいて、ユーザにペンで直接書いてもらいます。ドロップダウンリストは、デフォルトのオプションを書き込んでおき、ユーザが下向き矢印をクリックすると、あらかじめ用意しておいた選択肢リストを重ねます。オプションが選択されたら、付箋にそのオプションを書き、デフォルトのオプションの上に重ねて貼ります。

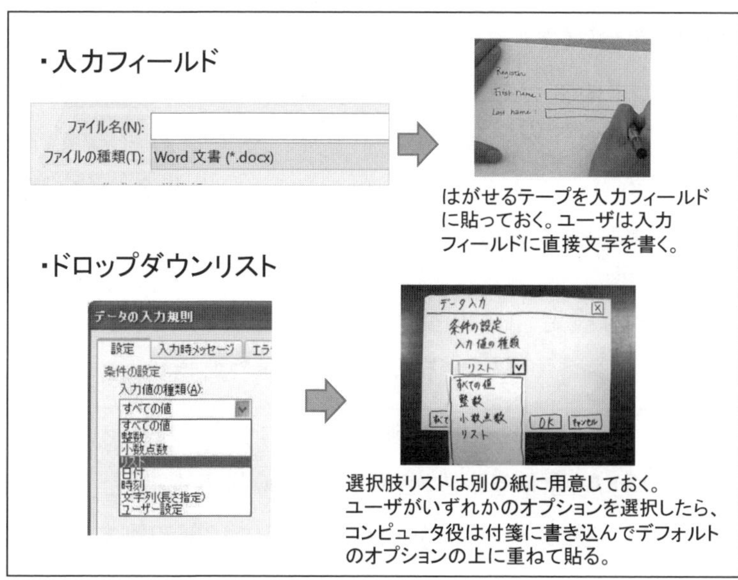

Memo

展開可能なリストは、事前に予測して作っておく必要があります。選択部分の強調表示は、透明フィルムに色をつけて再現できますが、必要ない場合が多いでしょう。利用不可能なコントロールは、付箋に灰色ペンで文字を書いて、黒色文字の部分の上に重ねて貼ることで再現できます。

Memo

・展開可能なリスト

リストをいくつかのパーツに切り分けて、パーツとパーツの間に展開された部分を挿入する。
（予測して作っておく）

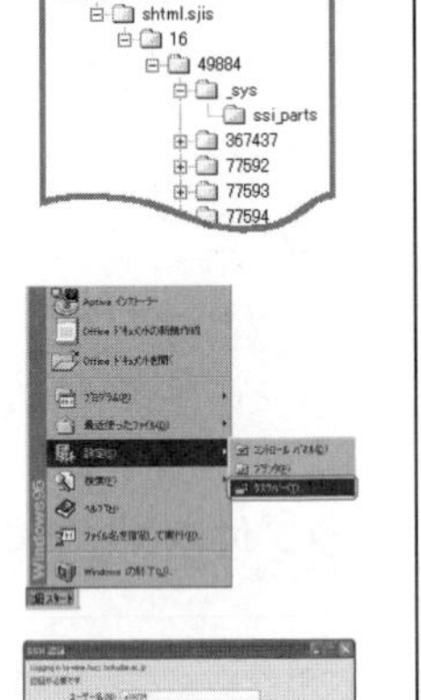

・選択部分の強調表示

透明フィルムに色をつけたものを重ねる。
再現する必要があるか要検討。

・利用不可能なコントロール

付箋に灰色のペンを使って文字を書き、
黒色の文字の上に重ねて貼っておく。

それでは、演習課題をやってみましょう。コピー機の HI のペーパープロトタイプを作ってみましょう。作成するときの条件、コピー機の一般的な設定を確認して、下のスライドに示す三つのタスクを実行できる T プロトタイプを作成してください。

Memo

演習課題（1）

下に示す三つのタスクが実行可能なコピー機のHIのペーパープロトタイプを作成してみましょう。

作成するときの条件：コピー機のHIは**タッチパネル。**
一般的なユーザは**大学生。**

一般的な設定：部数の設定、倍率の設定、用紙サイズ設定、
両面／片面の設定、濃度の設定など

タスク1）A4原稿を1部印刷する。
タスク2）A4原稿をB4に拡大して、100部印刷する。
タスク3）2枚のA4原稿をA4用紙両面に10部印刷する。

演習課題（1）で作成したペーパープロトタイプを用いて、ユーザテストを実施してみましょう。ユーザに実行してもらうタスクは下のスライドの三つです。今回の演習では、簡易的なユーザテストとして、進行役、コンピュータ役、観察者を１名で実施してみましょう。授業での演習であれば、たがいに役割を交代して複数のユーザに試してもらいましょう。

演習課題（2）

演習課題1で作成したペーパープロトタイプを用いて下の三つのタスクを2名1組で検証してみましょう。

タスク1）A4原稿を1部印刷する。

タスク2）A4原稿をB4に拡大して、100部印刷する。

タスク3）2枚のA4原稿をA4用紙両面に10部印刷する。

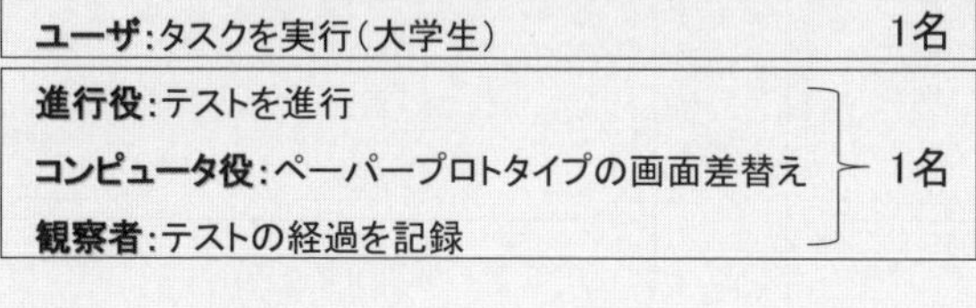

ユーザ:タスクを実行（大学生）　1名
進行役:テストを進行
コンピュータ役:ペーパープロトタイプの画面差替え
観察者:テストの経過を記録
1名

Memo

もう一つ演習課題を用意しました。病院予約のスマホアプリのプロトタイプを作ってみましょう。ユーザが入力する手順や条件は以下のとおりです。演習用に機能を限定したシンプルなものになっています。今回は、次のページのスマートフォンのフレーム枠を使って作成してみましょう。ユーザテストを実施する場合は、フレーム枠をコピーしてから作成してください。

演習課題（3）

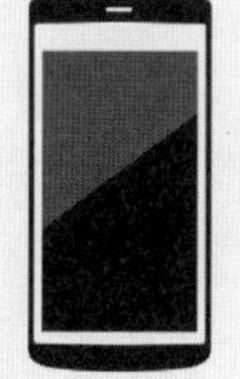

病院予約（当日のみ）のスマホアプリのプロトタイプを作成してください。
ユーザが入力する手順は以下のとおりです。

1）5桁の診察券番号とパスワードを入力する。

2）当日の空いている時間を選択する。
（15:00から17:00で15分間隔で予約可能）

＊予約の確認は送信されるメールで行う。
予約時間のキャンセル、修正は電話で行う。

今回は、次のページのスマートフォンのフレーム枠を使って作成してみてください。

Memo

引用・参考文献

(URL は 2022 年 1 月現在)

はじめに

1） ACM SIGCHI Curricula for Human- Computer Interaction, ACM Special Interest Group on Computer-Human Interaction Curriculum Development Group (1992)
2） 中小路久美代：研究会千夜一夜：インタフェースからインタラクションへ―ヒューマンインタフェース研究会，情報処理，**48**（2），pp.202-203（2007）
3） 黒須正明，暦本純一：コンピュータと人間の接点，放送大学教育振興会（2018）

テーマ 1　生体システム

1） 伊藤謙治，桑野園子，小松原明哲 編：人間工学ハンドブック，朝倉書店（2003）
2） 長町三生 編：現代の人間工学，朝倉書店（1986）
3） 片桐康雄，飯島治之，片桐展子，尾岸恵三子 監訳：ヒューマンボディ からだの不思議がわかる解剖生理学，エルゼビア・ジャパン（2008）
4） エレイン N. マリーブ 著，林正健二，小田切陽一，武田多一，淺見一羊，武田裕子 訳：人体の構造と機能（第 2 版），医学書院（2005）
5） 林　洋 監修:初めの一歩は絵で学ぶ 解剖生理学 からだの構造と働きがひと目でわかる, じほう(2014)
6） オール アバウト ビジョン（利き目テスト）：https://www.allaboutvision.com/ja-jp/me-no-kensa/kikime-test/

テーマ 2　生体計測

1） 大島正光 監修：人間工学の百科事典，丸善（2005）
2） 吉澤　徹：人体形状の非接触三次元計測，人間工学，**30**（3），pp.119-123（1994）
3） 日本人間工学会 認定人間工学専門家部会：日本人間工学会認定 人間工学専門資格認定試験ガイドブック 2004 年度，2005 年度，日本人間工学会 人間工学専門家認定機構（2004）
4） JIS Z 8500:2002 人間工学―設計のための基本人体測定項目
5） 産業技術総合研究所／人工知能研究センター／ AIST/HQL 人体寸法・形状データベース 2003：https://www.airc.aist.go.jp/dhrt/fbodydb/index.html
6） 人間生活工学研究センター／日本人の人体寸法データ 2004-2006：https://www.hql.jp/database/cat/size/size2004/
7） 古賀一男：眼球運動実験ミニ・ハンドブック，労働科学研究所出版部（1998）
8） 高木峰夫：サーチコイル法による眼球運動測定，VISION，**3**（2），pp.67-72（1991）
9） 橋本邦衛：精神疲労の検査，人間工学，**17**（3），pp.107-113（1981）
10） 日本産業衛生学会産業 疲労研究会：http://square.umin.ac.jp/~of/service.html
11） Brooke, J.：SUS: A “Quick and Dirty” Usability Scale, Usability Evaluation in Industry, Taylor & Francis, pp.189-194 (1996)
12） 仲川　薫：ウェブサイトユーザビリティアンケート評価手法の開発，ヒューマンインタフェースシンポジウム論文集 2001（2001）
13） U-Site，ウェブユーザビリティ評価スケール：https://u-site.jp/usability/evaluation/web-usability-scale

テーマ 3　色と人間

1） 内閣府認定 公益社団法人 色彩検定協会 編:色彩検定 公式テキスト 3 級編(2020 年改訂版)(2019)
2） 大井義雄，川崎秀昭：カラーコーディネーター入門 色彩，日本色研事業（1999）

3) 城　一夫 編：徹底図解 色のしくみ，新星出版社（2009）
4) 関根真弘，山内康晋：マクロ柄を考慮した双方向依存テクスチャの生成とマッピング，情報処理学会研究報告，**2004**（86），pp.13-18（2004）
5) NPO 法人 カラーユニバーサルデザイン機構：https://www.cudo.jp/
6) 日本色彩研究所 著，色彩検定協会 監修：色彩検定公式テキスト UC 級（2022）

テーマ 4　ヒューマンエラー

1) 小松原明哲：ヒューマンエラー（第 3 版），丸善出版（2019）
2) 中田　亨：ヒューマンエラーを防ぐ知恵，朝日新聞出版（2013）
3) 大島正光 監修：人間工学の百科事典，丸善（2005）
4) 建設労務安全研究会／ヒューマンエラー度チェックシート：http://www.ro-ken.net/goodpractice/soft/pdf/Z1101.pdf
5) 長町三生 編：現代の人間工学，朝倉書店（1986）

テーマ 5　ハードウェア

1) EIZO 株式会社，掲載記事 第 8 回 なぜ画面に直接触って操作できるのか？—「タッチパネル」の基礎知識：https://www.eizo.co.jp/eizolibrary/other/itmedia02_08/
2) 越石健司 監修：タッチパネル—技術開発・市場・アプリケーションの動向—，オーム社（2012）
3) 五味裕章：はじめてのハプティクス，精密工学会誌，**85**（5），pp.407-411（2019）
4) 岡田　明 編著：初めて学ぶ人間工学，理工図書（2016）
5) 東京工業大学 中本研究室：http://silvia.mn.ee.titech.ac.jp/html/index.html

テーマ 6　ソフトウェア

1) 志堂寺和則：レクチャーヒューマンコンピュータインタラクション，数理工学社（2021）
2) クミコミ「GUI と CUI の違いは何ですか？」：https://www.kumikomi.jp/what-is-the-difference-between-gui-and-cui/
3) 菊池安行，山岡俊樹 編著：GUI デザインガイドブック，海文堂出版（1995）
4) 上野　学 監修：オブジェクト指向 UI デザイン，技術評論社（2020）
5) 椎尾一郎：ヒューマンコンピュータインタラクション入門，サイエンス社（2010）
6) ソシオメディア／モードレス・ユーザーインターフェース（上野　学）：https://www.sociomedia.co.jp/3950

テーマ 7　HCI と認知構造

1) D. A. ノーマン 著，岡本　明，安村通晃，伊賀聡一郎，野島久雄 訳：誰のためのデザイン？—認知科学者のデザイン原論，新曜社（1990）
2) 加藤　隆：認知インタフェース，オーム社（2002）
3) J.J. ギブソン 著，古崎　敬，古崎愛子，辻敬一郎，村瀬　旻 訳：生態学的視覚論—ヒトの知覚世界を探る，サイエンス社（1985）
4) ドナルド・ノーマン 著，伊賀聡一郎，岡本　明，安村通晃 訳：複雑さと共に暮らす—デザインの挑戦，新曜社（2011）
5) 井上勝雄：インタフェースデザインの教科書 第 2 版，丸善出版（2019）

テーマ 8　HCI の設計原則

1) D. A. ノーマン 著，岡本　明，安村通晃，伊賀聡一郎，野島久雄 訳：誰のためのデザイン？—認知科学者のデザイン原論，新曜社（1990）
2) Ben Shneiderman 著，東　基衛，井関　治 監訳：ユーザーインタフェースの設計：やさしい対話型システムへの指針（第 2 版），日経 BP 社（1995）
3) ISO 9241-110:2006 Ergonomics of human-system interaction — Part 110: Dialogue principles
4) ISO 9241-110:2020 Ergonomics of human-system interaction — Part 110: Interaction principles
5) JIS Z8520：2008　人間工学—人とシステムとのインタラクション—対話の原則

6）三樹弘之：JIS Z 8520 インタラクションの原則，人間工学，**57**（Supplemen），p.S10-2（2021）
7）特定非営利活動法人 人間中心設計推進機構（HCD-Net），第1回「ガイドラインの定義と位置づけ」：https://www.hcdnet.org/hcd/column/course_01/01.html
8）原田秀司：UI デザインの教科書，翔泳社（2019）
9）安藤昌也：UX デザインの教科書，丸善出版（2016）
10）Human Interface Guidelines（Apple）：https://developer.apple.com/design/human-interface-guidelines/
11）Material Design Guidelines（Google）：https://material.io/design/guidelines-overview
12）Microsoft Design（Microsoft）：https://www.microsoft.com/design/fluent/#/

テーマ 9　HCI の定量的評価

1）ジェフ・ラスキン 著，村上雅章 訳：ヒューメイン・インタフェース 人にやさしいシステムへの新たな指針，ピアソンエデュケーション（2001）
2）渕　一博 監修：インタフェースの科学，共立出版（1987）
3）Landauer, T. K., Nachbar, D. W.：Selection from alphabetic and numeric menu trees using a touch screen: breadth, depth, and width, Proceedings of the SIGCHI conference on Human factors in computing systems - CHI '85. pp.73-78（1985）
4）Paul M. Fitts：The information capacity of the human motor system in controlling the amplitude of movement, Journal of Experimental Psychology, **47** (6), pp.381-391 (1954)
5）Welford, A.T.：Fundamentals of skill, Methuen (1968)
6）I. Scott MacKenzie and William A. S. Buxton：Extending Fitts' law to two-dimensional tasks, Proceedings of ACM CHI 1992 Conference on Human Factors in Computing Systems, pp.219–226 (1992)
7）村田厚生：ヒューマン・インタフェイスの基礎と応用，日本出版サービス（1998）
8）トビー・テクノロジー株式会社：https://www.tobiipro.com/ja/

テーマ 10　ヒューリスティック評価法

1）ヤコブ ニールセン 著，篠原稔和 監訳：ユーザビリティエンジニアリング原論，東京電機大学出版局（2002）
2）Jakob Nielsen：Finding usability problems through heuristic evaluation, CHI '92: Proceedings of the SIGCHI Conference on Human Factors in Computing Systems, pp.373–380 (1992)
3）Jakob Nielsen, Thomas K. Landauer：A mathematical model of the finding of usability problems, CHI '93: Proceedings of the INTERACT '93 and CHI '93 Conference on Human Factors in Computing Systems, pp.206–213 (1993)
4）樽本徹也：ユーザビリティエンジニアリング：ユーザ調査とユーザビリティ評価実践テクニック，オーム社（2005）
5）ソシオメディア／ヒューマンインタフェースガイドライン：https://www.sociomedia.co.jp/category/shig

テーマ 11　Web ヒューリスティクス

1）Mark Pearrow 著，茂出木謙太郎 監訳：Web サイトユーザビリティハンドブック，オーム社（2001）
2）原田秀司：UI デザインの教科書，翔泳社（2019）

テーマ 12　ユーザテスト

1）Carolyn Snyder 著，黒須正明 監訳：ペーパープロトタイピング 最適なユーザインタフェースを効率よくデザインする，オーム社（2004）
2）樽本徹也：ユーザビリティエンジニアリング：ユーザ調査とユーザビリティ評価実践テクニック，オーム社（2005）
3）深津貴之，荻野博章：プロトタイピング実践ガイド スマホアプリの効率的なデザイン手法，インプレス（2014）

空欄箇所・演習課題の解答

※スライドごとに解答を／で区切り、並べている。

第1部　人間に関すること

テーマ1　生体システム　（2ページ～）

① 筋骨格、② 感覚、③ 神経、④ 運動、⑤ 感覚、⑥ 認知、⑦ 運動、⑧ 感覚、⑨ 運動、⑩ 運動、⑪ 認知、⑫ 下図、⑬ 屈曲、⑭ 伸展、⑮ 内転、⑯ 外転、⑰ 外旋、⑱ 内旋

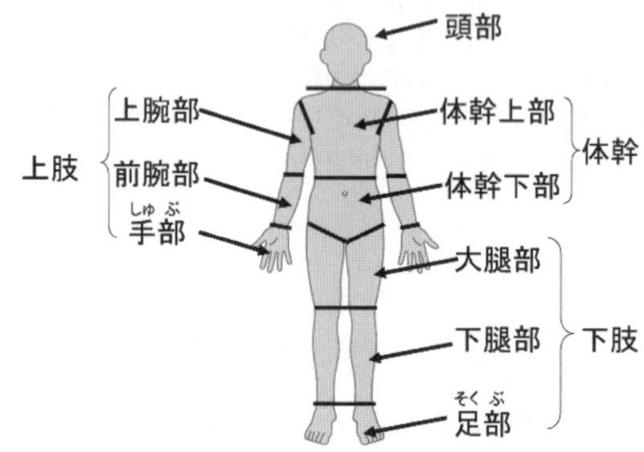

⑲ 骨格系、⑳ 筋系、㉑ 下図、㉒ 関節頭、㉓ 関節窩、㉔ 球、㉕ 鞍、㉖ 蝶番、㉗ 骨格、㉘ 心、㉙ 内臓
演習課題（前半）：省略
㉚ 刺激によって生じる意識体験、㉛ 特殊、㉜ 体性、㉝ 内臓、㉞ 錐体、㉟ 三角錐、㊱ 色、㊲ 鮮明、㊳ 明るいところ、㊴ 桿体、㊵ 円柱、㊶ 明暗、㊷ 粗い、㊸ 暗いところ、㊹ 約 20 ～約 20,000、㊺ 20 歳、㊻ 高、㊼ 表面、㊽ 痛覚、㊾ 触覚、㊿ 温覚、51 冷覚、52 深部、53 行動・思考・生命の維持、54 中枢、55 末梢、56 体性、57 自律
演習課題（後半）：省略

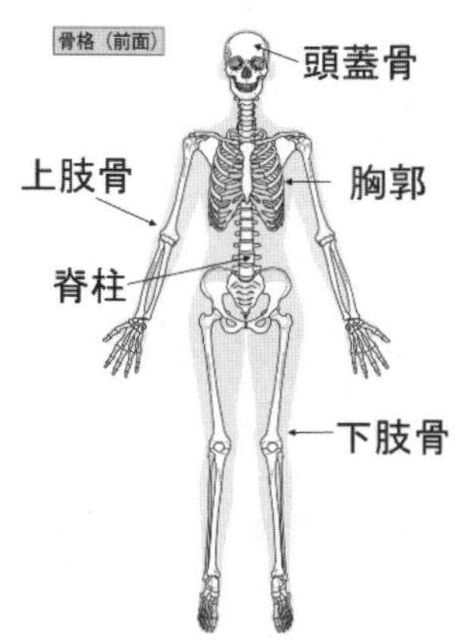

テーマ２　生体計測　（13 ページ～）

① 人間の形態を客観的に表示するための測定。人間工学の設計資料として重要、② 問題点を探る、③ ものづくりのための基礎データ、④ 人体寸法、⑤ 直接、⑥ 間接、⑦ マルチン（Martin）式、⑧ 三次元形状、⑨ 人体寸法＋物品寸法＋ゆとり寸法、⑩ パーセンタイル値、⑪ 10、⑫ 90

演習課題（前半）：省略

⑬ 運動、⑭ 共役性、⑮ 輻輳開散、⑯ 固視微動、⑰ 随従（眼球）運動、⑱ 跳躍（眼球）運動（サッカード）、⑲ 筋電位、⑳ 活動電位（筋肉の放電）、㉑ 三次元動作、㉒ 生理的機能、㉓ フリッカー検査、㉔ δ、㉕ 深い睡眠、㉖ θ、㉗ うとうと、㉘ α、㉙ 安静、㉚ β、㉛ 緊張・集中、㉜ 心理的機能、㉝ 快適さ、雰囲気、イメージ、疲労感、過去の経験や知識などに関する情報

演習課題（後半）：省略

テーマ３　色と人間　（23 ページ～）

① 予期した効果が生まれない、② 目的に反した逆効果を招く、③ 人間の心理に影響する、④ 作業効率の向上につながる、⑤ 光、⑥ 太陽光線、⑦ 可視光線、⑧ 光、⑨ 光源、⑩ 物体、⑪ 視覚、⑫ 正反射、⑬ 拡散、⑭ 無彩色、⑮ 有彩色、⑯ 色相、⑰ 明度、⑱ 彩度、⑲ 色を正確に表す、⑳ 配色調和を求める、㉑ 色名を規定する、㉒ 色相、㉓ 明度、㉔ 彩度、㉕ 加法、㉖ 減法、㉗ 短く、㉘ 長く、㉙ 落ち着く・集中、㉚ 興奮、㉛ 安全色彩（安全色）、㉜ どのような色覚の人にも、㉝ 形・位置・明度・線種や塗り分けパターンの違い、㉞ 色名を明記

演習課題：省略

テーマ４　ヒューマンエラー　（34 ページ～）

① 1:29:300 の法則、② 1、③ 29、④ 300、⑤ 許容可能なある範囲を超えた人間の行動、⑥ 偶然によらないもの、⑦ 規則違反は除外、⑧ 回復不可能なもの、⑨ スリップ、⑩ ミステイク、⑪ ラプス、⑫ エラー、⑬ 自動化・高速化・高馬力化・巨大化、⑭ 運動機能の低下、⑮ 自律神経失調・ストレス

演習課題（前半）：(1) 7、E (2) 酔っている、15 歳

【解説】(1)「7」は酔った人に相当、「E」は未成年に相当する。「4」偶数のとき、反対側は母音である必要はない。つまり規則違反にならない。

⑯ 要素的理解段階、⑰ 説明的理解段階、⑱ 設備・環境、⑲ 人間側、⑳ マネジメント、㉑ 提示情報・操作方法、㉒ 作業のリスク、㉓ ワークロード、㉔ 物的作業環境、㉕ 人的作業環境、㉖ 危険軽視、㉗ 近道本能・省略本能、㉘ 無知・未熟練、㉙ 意識レベルの低下、㉚ 錯覚、㉛ 機能低下、㉜ 場面行動、㉝ パニック状態、㉞ ストレス、㉟ 勤務体系、㊱ 作業基準、㊲ 教育・訓練、㊳ 管理体制・管理体系

演習課題（後半）：(1) 省略

(2)

1) 近くの空港がゲリラの爆発事件で閉鎖し、多くの飛行機がテネリフェ空港に集中していた。
   マネジメントの要因：管理体制の不備、環境の要因：作業のリスク
2) パイロットは 3 時間あまり空港で待機していた。
   人間側の要因：疾病・疲労・ストレス
3) 濃霧で視界は 500m しかない。
   環境の要因：物的作業環境
4) 駐機場がいっぱいで滑走路を逆走した。
   環境の要因：作業のリスク

5）管制官の指示どおり ③ に入らず PA 機は ④ に入った。
人間側の要因：近道本能・省略本能
6）KLM 機が離陸許可が出たと勘違いした。
人間側の要因：錯覚
7）通信状態が悪かった。
設備の要因：提示情報の問題

第 2 部　HCI の基礎知識

テーマ 5　ハードウェア　（48 ページ〜）

① 情報を入力するための装置、② 物理配列、③ 論理配列、④ QWERTY 配列、⑤ 液晶、⑥ 板型、⑦ 抵抗膜、⑧ 静電容量、⑨ 光学、⑩ データを外部に物理的に提示する装置、⑪ 液晶、⑫ 有機 EL、⑬ ヘッドマウント、⑭ ハプティクス（haptics）
演習課題：省略

テーマ 6　ソフトウェア　（59 ページ〜）

① コマンド入力により操作、② ポインティングデバイスで操作、③ 少し面倒、④ 得意、⑤ 簡単、⑥ 難しい、⑦ 動詞→名詞、⑧ 名詞→動詞、⑨ タスク指向 UI、⑩ オブジェクト指向 UI
演習課題
現金：お金を入れる→商品を選ぶ（タスク指向 UI）
電子マネー：商品を選ぶ→電子マネーをかざす（オブジェクト指向 UI）

テーマ 7　HCI と認知構造　（70 ページ〜）

① 知覚・記憶・学習・思考、② 心的過程、③ 入力と出力の対応関係、④ 内的処理のメカニズム、⑤ コード化、⑥ 貯蔵、⑦ 検索、⑧ 7 ± 2 チャンク、⑨ 短い（20~30 秒）、⑩ 永続的に無限大とされている、⑪ 長い（一生？）、⑫ 実行、⑬ 評価、⑭ 意図、⑮ 操作系列、⑯ 操作の実行、⑰ 評価、⑱ 解釈、⑲ 知覚、⑳ 実行のへだたり、㉑ 評価のへだたり
演習課題（前半）：
（1）ユーザの目標：Word で作成したレポートを印刷したい。
（2）意図の生成：Word の印刷コマンドを使って自分のプリンタで印刷する。
（3）操作系列の生成：ファイルメニューから印刷を選択する。自分のプリンタを選んで、印刷ウィンドウの OK ボタンを押す、と考える。
（4）操作の実行：ファイルメニューをクリックし、印刷までカーソルを動かしてクリックする。印刷ウィンドウの OK ボタンにカーソルを動かしクリックする。
（5）外界の状態の知覚：印刷ウィンドウが消えたことを見る。プリンタの音を聞く。文章が印刷されて出てきたことを見る。
（6）知覚の解釈：文章 A が印刷されたと解釈する。
（7）解釈の評価：印刷された文章 A が望んでいるレポートであり、目的を達成したと理解する。
演習課題（後半）：省略

テーマ 8　HCI の設計原則　（82 ページ〜）

① 一般的な指針となる原則をまとめたもの、② 外界にある知識と頭の中にある知識、③ 単純化、

④ 目に見えるように、⑤ 対応づけ、⑥ 制約の力を活用、⑦ エラーに備えたデザイン、⑧ 標準化、⑨ 一貫性、⑩ 近道、⑪ フィードバック、⑫ 段階的な達成感、⑬ エラーの処理、⑭ 逆操作、⑮ 主体的な制御権、⑯ 短期記憶領域、⑰ タスクへの適合性、⑱ 自己記述性、⑲ 期待への一致、⑳ 学習性、㉑ 制御可能性、㉒ ユースエラーへの耐性、㉓ ユーザエンゲージメント、㉔ デザイン要素、㉕ ルールを綿密に定義したドキュメント、㉖ 設計原則、㉗ 一貫性、㉘ ユーザビリティ、㉙ コストの削減、㉚ 自由度の低下、㉛ 興味が持続しない

演習課題：省略

第 3 部　HCI の評価方法

テーマ　9　HCI の定量的評価　（94 ページ〜）

演習課題（前半）：「*H PK PK*」より、規則 0 と規則 1 を用いて「H MPK MPK」となる。

推定される操作時間は 5.7 秒である。

① $RT=a+b\log_2(N)$、② 移動時間が移動距離とターゲットサイズに依存、③ $MT=a+b\log_2(D/W+0.5)$、④ $MT=a+b\log_2(D/W+1)$、⑤ ヒートマップ、⑥ ゲイズプロット、⑦ AOI（area of interest）

演習課題（後半）：省略

テーマ 10　ヒューリスティック評価法　（105 ページ〜）

① 専門家、② ユーザ、③ 主観、④ 仮説、⑤ 小、⑥ 広い、⑦ 客観、⑧ 事実、⑨ 大、⑩ 狭い、⑪ おたがいは補完関係にある、⑫ 経験則、⑬ 35％、⑭ 3 〜 5 人、⑮ $Found(i)=N(1-(1-\lambda)^i)$、⑯ 10、⑰ 適切なフィードバック、⑱ ユーザの言葉、⑲ 実世界の慣習、⑳ 非常出口、㉑ 取り消しとやり直し、㉒ プラットフォームの慣習、㉓ 問題の発生を防止する、㉔ オブジェクト・動作・オプションを可視化、㉕ 独自に調節できる、㉖ 必要としない情報を含めるべきではない、㉗ 建設的な解決策、㉘ ヘルプやマニュアルを提供

演習課題：「外貨計算アプリ」のヒューリスティック評価（3 名の専門家による）

- システムのタイトルが強調されすぎている。ここまで大きくしなければ、ISO 通貨記号に関する説明を入れるなど、他の要素を入れることができる。
- 画面を見たとき、どこが入力する場所であるか、わかりにくい。入力するボックスであることがわかるようにしたほうが良い。
- 「ISO 通貨記号」の枠が二つあるが、手元にある通貨の ISO 通貨記号をどちらに入力すれば良いか、一見しただけではわからない。どちらが入力する枠か、計算された結果かを入力後も画面上でわかるようにするのが良い。
- 枠の中に「ISO 通貨記号」という文字があるが、枠の外に何を入力する枠なのかを示したほうが良い。
- 二国間の両替レートを表示するだけなのに「計算」はおかしい。計算はしていない。
- 外貨計算アプリであれば、手元にある通貨がいくらあり、それを必要な通貨に換算するといくらになるのかを知りたいことが多いと考えられるため、テキストボックスに通貨記号だけでなく、その通貨を記入し、必要な通貨の ISO 通貨記号での結果が表示される画面インタフェースにするほうがわかりやすい。つまり、手元にある通貨の ISO 通貨記号と金額、必要な通貨の ISO 通貨記号と金額のセットで表記されるようなインタフェースにすると良い。
- シンプルな画面ではあるが、必要な情報が足りない。スペースがあるため、どの通貨記号からどの通貨記号に変換されるのか、矢印などを用いて示すと良い。
- ISO 通貨記号を知らないと入力できない。頻繁に使用される ISO 通貨記号についてプルダウンなど

で選べるようにする、検索できる枠を作るなどわからない場合への対応が必要である。

●「通貨データはありません」というメッセージだけだと、ISO 通貨記号以外の入力があった場合、ISO 通貨記号自体がないのか、記号を誤って入力したのか、区別できない。

●入力にミスがあった場合、エラーメッセージの小ウィンドウが閉じられた後、文字が消えてしまうのではなく、ユーザが修正できるような工夫をすることが望ましい。

●小文字、大文字入力は区別されているのか、区別されていないのか不明である。

●文字に下線だけの「計算結果」がクリックできるかどうかわかりにくい。

●結果を表示する際、ISO 通貨記号の入力がないままクリックされた場合に、警告音が鳴るということであるが、警告音のみでは何か足りないのか、間違っているのか理解できない。建設的な解決策を提案すべき。入力が必要なボックスの色を反転するなど、入力がない箇所をわかるようにすると良い。

● ISO 通貨記号の入力がないまま結果表示をクリックした場合に、警告音が鳴るだけだと、聴覚障がい者が使用した場合、気がつかない。視覚的にもわかるような配慮が必要である。

●タイトルと背景のコントラストが弱いと思う。弱視の方にも見やすいようなコントラストにすることが望ましい。

●いつの時点の通貨の為替レートによって計算されたものかがわからないので、それを表記する必要がある。

●アプリの終了の仕方がわからない。終了のためのボタンを用意する。

● ISO 通貨記号や計算結果をリセットするボタンがない。一度、入力し結果を見た後、別のケースを入力したい場合、一旦リセットできないため、初期状態に戻れるようにする必要がある。

●ヘルプ機能がない。このアプリの場合、ISO 通貨記号を知らないと入力できないため、知らない場合でも入力できるようにヘルプ機能をもたせると良い。

●ターゲットユーザによるが、一般ユーザを対象とするのであれば、「ISO 通貨記号」という言葉が一般には馴染みがないと思うので、英文字 3 文字だけでなく「＄」や「￥」などを付記するか、どこの国の通貨かの説明を入れるなどがあると良い。

●二国間の両替レートを知りたい場合、一方からの換算でなく、両方の換算ができるように、一旦入力した手元の通貨と必要な通貨の通貨記号を入れ替えることができるようなボタンを用意すると良い。

●どこから何を入力すれば良いのか、手順がわからない。

●空港で使うのか、自宅やオフィスで使うのか、使う状況がわからない。使う状況に応じてデバイスによって表示を変えることが考えられるのではないか。

●同じユーザによって繰り返し使われる場合は、履歴があると便利になる。

● ISO 通貨記号という言葉は一般的なユーザにも用いられているか。

●多くの記号があることが想定されるため、もう少しわかりやすいポップアップなどを用意してはどうか。

● JPY と円と￥が想定される。記号がわからない場合は対応できないのではないか。

●どちらのテキストボックスに自分の持っている通貨を入力すれば良いのかわからない。手元にある通貨と必要な通貨がどちらかがわかりにくい。

●計算結果においても、数字だけが出るのか。通貨記号などの表示を含めて表示されるのが望ましい。

●結果を表示させるための操作がわかりにくい。「計算結果」をクリックすれば良いのだろうが、ボタンなどにすれば良いのではないか。

●ユーザがこのアプリケーションを使うためのシーンを考えて、使うデバイスと、入力環境に応じたアプリにすべきだと考える。例えば、この場合、数字を入力するのであれば、テンキーからの入力ではなく、画面上で数字を入力できるようになっていても良いのではないか。あるいは、ジョグダイアルなどで数字を入力できるようにしたほうが良いのではないか。

●ユーザエクスペリエンスに応じたタイトルを考慮すべき。例えば、買い物に合わせたインタフェースなのか、企業の中で使われるインタフェースかがわからない。

●計算レートがわからない。現地での両替の計算レートとクレジットカード決済の際のレートは異なる。このアプリの使用目的として、どの決済方法がお買い得かについて知る場合もある。

テーマ 11　Web ヒューリスティクス　（117 ページ～）

① 論文閲覧システム、② Web サーバ、③ Web クライアント、④ 情報資源の場所を指し示す、⑤ Web サイト、⑥ トップページ（＝ホームページ）、⑦ Web ページ、⑧ ハイパーリンク、⑨ スクロール、⑩ 他のサイトに移動する、⑪ チャンク、⑫ グループ分け・階層化、⑬ トップページに書く、⑭ スクロールしなくてもすべて表示、⑮ だれもが Web を利用できるように、⑯ デバイスの画面サイズに応じて表示を最適化

演習課題：省略

テーマ 12　ユーザテスト　（129 ページ～）

① ターゲットとするユーザ、② 5 人が目安、③ 思考発話法、④ 思ったことを声に出してもらう、⑤ 発話プロトコル分析、⑥ 試作品、⑦ 試用品、⑧ ローファイ、⑨ ハイファイ、⑩ 水平、⑪ 垂直、⑫ T、⑬ 紙製のプロトタイプ、⑭ 低～中、⑮ 低、⑯ 中～高、⑰ ユーザからのフィードバック、⑱ 反復型開発、⑲ 技術的なスキルが必要ない

演習課題（1）～（3）：省略

——著者略歴——

1993 年　横浜国立大学工学部生産工学科卒業
1995 年　横浜国立大学大学院工学研究科博士前期課程修了（生産工学専攻）
1997 年　神奈川大学工学部助手
2004 年　博士（工学）（横浜国立大学）
2005 年　首都大学東京システムデザイン学部准教授
2014 年　AGH 科学技術大学客員教授（ポーランド）
2016 年　首都大学東京システムデザイン学部教授
2020 年　東京都立大学システムデザイン学部教授（校名変更）
　　　　現在に至る

書き込み式　ヒューマンコンピュータインタラクション入門

Introduction to Human-Computer Interaction

© Nobuyuki Nishiuchi 2022

2022 年 4 月 11 日　初版第 1 刷発行　★

検印省略

著　者　西内信之（にし うち のぶ ゆき）
発行者　株式会社　コロナ社
　　　　代表者　牛来真也
印刷所　壮光舎印刷株式会社
製本所　株式会社　グリーン

112–0011　東京都文京区千石 4–46–10
発行所　株式会社　**コロナ社**
CORONA PUBLISHING CO., LTD.
Tokyo Japan
振替00140–8–14844・電話(03)3941–3131(代)
ホームページ　https://www.coronasha.co.jp

ISBN 978-4-339-02927-7　C3055　Printed in Japan　（森）

JCOPY　<出版者著作権管理機構 委託出版物>
本書の無断複製は著作権法上での例外を除き禁じられています。複製される場合は，そのつど事前に，出版者著作権管理機構（電話 03-5244-5088，FAX 03-5244-5089，e-mail: info@jcopy.or.jp）の許諾を得てください。

本書のコピー，スキャン，デジタル化等の無断複製・転載は著作権法上での例外を除き禁じられています。購入者以外の第三者による本書の電子データ化及び電子書籍化は，いかなる場合も認めていません。
落丁・乱丁はお取替えいたします。